ÉTUDES

ET OBSERVATIONS SUR

PLOMBIÈRES-LES-BAINS

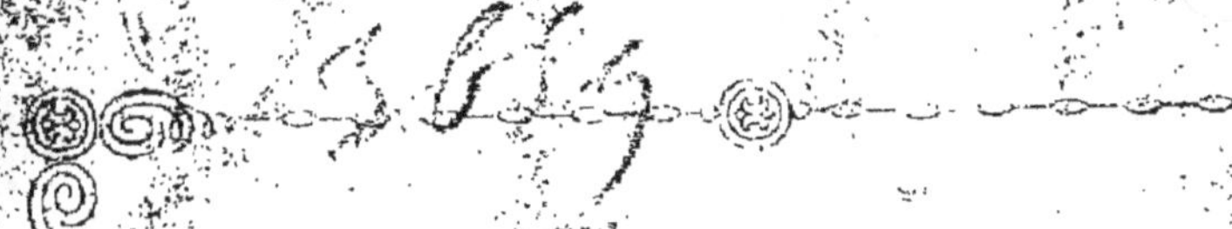

(Scènes de la vie des Eaux)

PAR

M. FLORIAN REIBER

SECONDE ÉDITION REVUE ET AUGMENTÉE

PARIS

CHEZ TOUS LES LIBRAIRES

ET A PLOMBIÈRES, CHEZ L'AUTEUR.

1859

ÉTUDES

Et Observations sur

PLOMBIÈRES-LES-BAINS

Paris. — Imprimerie de Dubuisson et Cᵉ, rue Coq-Héron, 5.

ÉTUDES

ET OBSERVATIONS SUR

PLOMBIÈRES-LES-BAINS

(Scènes de la vie des Eaux)

PAR

M. FLORIAN REIBER

SECONDE ÉDITION REVUE ET AUGMENTÉE

PARIS

CHEZ TOUS LES LIBRAIRES

ET A PLOMBIÈRES, CHEZ L'AUTEUR.

1859

PRÉFACE

Je déteste passablement les préfaces; cependant je me vois obligé d'en faire un petit bout, afin de prévenir mes lecteurs — si toutefois j'en ai — que le petit ouvrage que j'offre présentement au public n'est que le commencement d'une série d'autres du même genre qui paraîtront plus tard successivement, si celui-ci est goûté du lecteur.

On sera surpris sans doute de ce que je commence ma carrière littéraire par ces études sur Plombières, dont mainte personne ignore probablement jusqu'au nom; mais ceux qui connaissent déjà cette ville, ou ceux qui, après avoir lu les pages suivantes, s'en seront fait une idée, seront les premiers à convenir qu'elle mérite tout aussi bien d'occuper l'attention d'un écrivain et celle du public que le Monomotapa ou la Cafrerie, où généralement le lecteur ne pense guère à aller.

L'avenir de Plombières, au contraire, surtout depuis que Sa Majesté l'Empereur Napoléon III a daigné s'intéresser à la prospérité de cette petite ville, importe essentiellement aux touristes aussi bien qu'à la France médicale. Ceux-ci n'auront qu'à gagner sous le rapport des plaisirs qu'ils trouveront dans ce voyage, si les eaux de Plombières et ses pittoresques environs acquièrent universellement la renommée qu'ils méritent à si juste titre.

Cela dit, je préviens donc le lecteur que, s'il trouve quelque plaisir dans le genre de style adopté pour le présent ouvrage, je continuerai ma tâche, sans me laisser décourager par aucun obstacle, mais en mettant également à profit les critiques aussi bien que les éloges.

Plombières, avril 1859.

I

Plombières et ses rues.

Plombières-les-Bains est une petite ville de 1,500 à 2,000 habitants, située au fond du département des Vosges, à une lieue environ de la limite qui sépare ce département de celui de la Haute-Saône. Profondément enfermée entre deux hautes montagnes, cette ville, si célèbre par ses eaux thermales, s'étend non-seulement dans le creux d'une étroite vallée, mais se contourne encore de la manière la plus pittoresque sur le flanc sinueux de chacune des deux montagnes qui la dominent au nord et au midi. L'air qu'on y respire est pur et salubre, et les épidémies sont complétement inconnues dans cette verte vallée.

On décore Plombières du titre de ville ; mais ce n'est que par un artifice de langage qu'on peut lui donner ce nom, car, à proprement par-

ler, Plombières n'a qu'une seule rue régulière.
Elle commence à la *Maison-des-Dames*, ancienne
propriété du célèbre chapitre des *Dames de Remiremont*, et elle finit au *Bain-Romain*, dont
nous parlerons plus loin. Cette rue est la rue de
Rivoli de Plombières ; elle a des arcades, et sous
ces arcades, qui servent de promenoir quand il
pleut, se trouvent, pendant l'été, des magasins
plus ou moins brillants, tenus par des marchandes dont le babil vous assourdit ; tout en s'y pro-
menant, on examine tous ces magasins, on re-
garde les marchandes, on se laisse tenter par
mille brimborions : l'illusion aidant, on peut s'y
croire, en un mot, dans un petit Palais-Royal.
Quelques personnes appellent même de ce nom
le bâtiment soutenu par ces arcades.

A l'est de la Grande-Rue, l'empereur Napoléon III, qui veut transformer Plombières en
ville à la fois importante et jolie, a fait établir,
malgré les difficultés du terrain, une place spa-
cieuse à l'endroit où s'élevait l'ancienne église
récemment démolie. Cette place, où se tient le
marché, porte le nom de *place Napoléon*.

Quant à toutes les autres rues, elles sont généralement étroites, montantes, tortueuses, et
les voitures ne peuvent y circuler que difficile-
ment. Il y a même certains endroits où il serait
absolument impossible à deux dames de passer
de front avec la crinoline ou plutôt le ballon des
toilettes tapageuses d'aujourd'hui. On raconte

même à ce sujet qu'un jour deux dames, s'étant rencontrées dans un de ces endroits, et n'ayant pu passer l'une à côté de l'autre, ont tiré à la courte paille pour savoir laquelle des deux rétrograderait, ce qui s'est exécuté aux grands éclats de rire des assistants.

Plombières a, comme Paris, son quartier du Marais ; ce quartier, situé dans la partie inférieure de la ville, à l'ouest des bains, comprend deux rues : la *rue Napoléon III*, appelée autrefois *rue de la Préfecture*, et la *rue des Sibylles*. Cette dernière rue tire son nom de trois vieilles filles qui y habitaient autrefois, et que l'on surnommait les *trois sibylles*, parce qu'elles passaient dans le pays, dit-on, pour sorcières.

En outre des rues que nous venons d'indiquer, Plombières a encore trois faubourgs : celui de Remiremont, à l'est ; celui de Luxeuil, au midi, et le long faubourg d'Épinal, qui serpente sur le flanc de la montagne du nord. Ce dernier faubourg peut être considéré comme le quartier Saint-Marceau de Plombières.

Par suite de sa position pittoresque, de la richesse de ses eaux thermales et de la beauté de ses environs, par suite aussi de l'animation qui y règne pendant la belle saison, Plombières est un juste sujet d'orgueil pour tous ses habitants ; de même que le Parisien dit : « Il n'y a qu'un Paris au monde ; » l'Italien : « Voir Naples et mourir ! » le Russe : « Qui peut résister à Dieu et à

Nowogorod la Grande? » l'Espagnol : « Qui n'a pas vu Séville, n'a pas vu de merveille ; » le Persan : « Ispahan est la moitié du monde ; » de même l'habitant de Plombières dit : « Plombières est un petit Paris. »

II

Les Logeurs.

Les logeurs composent la majeure partie de
la population de Plombières ; leur spécialité est
de loger et de nourrir les étrangers pendant les
trois ou quatre mois que dure la saison des eaux ;
ils vivent ensuite tout le reste de l'année d'une
existence cryptogamique, — comme aurait dit
Balzac. Il faut donc que les gains de la saison
suffisent à faire vivre les logeurs pendant toute
l'année ; la pêche des baigneurs leur est alors
aussi nécessaire que l'est aux Esquimaux la pêche de la baleine. Aussi, de même que les Esquimaux excellent, dit-on, dans l'art de harponner
les baleines, les logeurs de Plombières excellent,
de leur côté, dans l'art de harponner les baigneurs. Une fois un baigneur pris, les logeurs
sont aussi habiles pour le dépecer que les Esquimaux peuvent l'être pour dépecer une baleine (1).

(1) Le lecteur ne doit considérer ce passage que

Les logeurs ne vivent cependant pas tous d'une existence cryptogamique pendant la morte-saison ; quelques-uns d'entre eux cumulent plusieurs professions ; ainsi, pour ne citer qu'un exemple saillant, nous avons vu autrefois un logeur porter l'industrie aussi loin que possible : il était à la fois logeur, perruquier, maître d'école, banquier, cabaretier, épicier, avocat, agent d'affaires, musicien, chanteur, commis-voyageur, écrivain public, chirurgien-masseur et saigneur de la localité ; et, chose étonnante, cet homme, véritable Protée, s'acquittait de ses multiples fonctions à la grande satisfaction de ses nombreux clients et patients, qui sortaient tous de chez lui charmés de ses saillies et de son savoir-faire. Il trônait dans sa curieuse échoppe aveu une dignité vraiment comique : il avait le ventre piriforme d'un banquier de Paris et la faconde d'un barbier de village. Tout en rasant avec une dextérité admirable, il donnait une consultation ou négociait une lettre de change avec l'aplomb le plus imperturbable ; ses plaidoyers à la justice de paix excitaient l'admiration de tout l'auditoire par une éloquence comparable à celle du paysan du Danube, et faisaient obtenir d'em-

comme une plaisanterie ; car, en réalité, les étrangers qui viennent aux eaux de Plombières y trouvent généralement, à des prix fort modérés, bon lit, bonne table, et surtout soins affecueux et empressés.

blée à ses clients le gain de leurs procès. Quoiqu'il ne connût rien de l'agriculture, il se glorifiait néanmoins d'être un des membres les plus influents du comice agricole de l'arrondissement, et chaque année il faisait un rapport sur l'état et les progrès de cette science, ce qui lui procurait une grande considération dans tout le pays, jusqu'à trois lieues à la ronde; dans sa précipitation à se rendre à un concours agricole, il lui était arrivé une fois (*horresco referens*) d'emporter la moitié de la figure à un patient qu'il était en train de raser, lorsqu'on vint lui annoncer l'ouverture du concours; aussi considérait-il ce jour comme un des plus néfastes de sa vie, car il avait à un égal degré l'amour-propre de chacun des arts qu'il exerçait ainsi concurremment. Ce Protée était un type peut-être unique, et dont la peinture, pour être complète, demanderait un pinceau plus exercé que le nôtre. Ah ! si l'auteur de la *Comédie humaine* l'avait connu, quelle mouture il en eût tirée !...

1.

III

Mœurs et Coutumes des Logeurs.

On ne se marie pas à Plombières pendant l'été : ce serait une perte de temps ; les femmes des logeurs évitent même de se trouver pour cette saison dans une position intéressante ; quant aux demoiselles, au lieu de faire l'amour, elles font la cuisine, et leurs produits culinaires sont fort goûtés des baigneurs, qui s'attirent même par là de fréquentes indigestions, et s'en retournent quelquefois chez eux, grâce à leurs excès gastronomiques, un peu plus malades qu'ils ne l'étaient auparavant.

Presque tous les logeurs ont été d'ailleurs chefs de cuisine à Paris ou dans d'autres grandes villes ; aussi s'en targuent-ils d'une manière modestement orgueilleuse, et non sans raison, puisque, comme nous venons de le dire, la cuisine est excellente à Plombières. Les médecins se plaignent sans cesse que l'on y mange trop ; à cela, on peut leur répondre :

Mais que faire à Plombière, à moins que l'on n'y mange?

Et que l'on n'y boive, pourrait-on ajouter, si la mesure du vers s'y prêtait.

Pendant l'été, non-seulement les logeurs proprement dits, mais encore tous ceux qui possèdent la moindre bicoque, se couchent on ne sait où, pour faire place aux baigneurs : les uns, dans des greniers ; d'autres, dans des galetas ; quelques-uns même vont se coucher jusque sur les toits.

Une fois les baigneurs partis et septembre arrivé, les logeurs voient commencer leurs longs loisirs, et la nature reprend alors impérieusement tous ses droits : c'est l'ère des mariages et des naissances, avec grand accompagnement de bals et de festins. Les cafés revoient leurs habitués, et les éternelles parties de cartes et de billard recommencent chaque jour, depuis une heure jusqu'à sept heures du soir, moment du souper. A Plombières, on dîne à midi et l'on soupe à sept heures, suivant l'ancienne coutume bourgeoise ; mais, pendant la saison, les étrangers déjeunent à dix heures du matin et dînent à cinq heures du soir.

Quelques logeurs, Nemrods du lieu, préfèrent les délices de la chasse aux agréments du piquet et du billard ; mais la guerre qu'ils font au gibier n'est pas très meurtrière, car on les voit presque toujours revenir l'oreille quelque peu basse et la carnassière complétement vide.

Les logeurs se partagent — comme cela se voit fréquemment dans les villes de province — en plusieurs petits clans bien distincts ; mais cela n'empêche nullement les membres de ces divers clans d'entretenir entre eux des relations amicales. Si — ce qui arrive très rarement — deux clans se déclarent la guerre, tout se réduit de part et d'autre à une artillerie de bons mots.

Chose singulière ! la première condition pour être chef de clan à Plombières — la condition *sine quâ non* — c'est d'avoir un ventre imposant et majestueux. Aussi n'y dit-on pas, comme partout ailleurs : *les gros bonnets de la localité*, mais bien, *les gros ventres de la localité*.

Généralement, les habitants de Plombières sont serviables entre eux, polis et prévenants à l'égard des étrangers ; mais toute règle a ses exceptions, et l'on pourrait encore appliquer aujourd'hui, non certes pas à tous, mais du moins à certains individus, quelques-uns des reproches contenus dans les vers qui terminent le petit poème latin composé sur les eaux de Plombières par Camérarius, savant professeur allemand du seizième siècle. Comme ce poème renferme des détails curieux sur le *Bain-Romain* et sur les baigneurs qui le fréquentaient alors, nous en donnons la traduction dans le chapitre suivant, afin que le lecteur puisse se faire une idée de ce qu'était Plombières à cette époque.

—

IV

Plombières au seizième siècle.

(Traduction du poëme latin de Camérarius)

« Parvenu aux thermes des montagnes des Vosges, que l'on désigne sous le nom de Plombières,
je me plongeai aussitôt dans l'élément liquide,
appuyé par la divinité, sous les auspices de laquelle le nautonier ose se confier aux flots d'une
mer capricieuse, et braver les vents et les tempêtes ; par cette divinité qui pousse le marchand
à s'élancer tantôt à l'extrémité des Indes, tantôt
aux contrées glaciales des pôles. Elle berce le mal
heureux, elle lui donne la force de supporter une
vie misérable, affaiblie par les maladies, brisée
par les chagrins, la douleur et la vieillesse ; elle
ne l'abandonne que lorsque cette vie vient de s'é-
vanouir. O la plus noble des déesses ! divine Espérance, c'est toi qui nous arraches de nos foyers,
des embrassements d'une tendre épouse et d'enfants bien-aimés, pour nous conduire au loin,

dans les rochers abruptes, dans les montagnes inaccessibles des Vosges.

» Mais si quelqu'un demande quel est le genre de vie de ces lieux, ma muse va tenter de le décrire en vers légers et badins, appropriés au sujet.

» On voit d'abord dans une profonde vallée un vaste bassin (1) de toutes parts entouré d'hôtelleries. Là viennent se réchauffer dans la même eau, que resserre un mur dont le pourtour peut être de quatre cents pas, hommes, femmes, enfants, jeunes filles, pauvres, nobles, savants, ignorants, vieillards débiles, jeunes gens légers, hommes sains, hommes blessés, ulcérés, fracturés ou moribonds.

» Les riches peuvent s'y placer, à prix d'argent, dans un lieu privilégié, sous un berceau de verdure. Quant au reste, les uns, appuyés sur des fourches et plongés dans l'eau jusqu'au menton, se tiennent adossés aux parois du bain ; les autres, dans la confusion des rangs, des sexes et des âges, s'avancent au milieu des ondes transparentes, en assurant leurs pas chancelants sur des bâtons recourbés ; d'autres encore s'élancent, en nageant, au milieu des ondes ; celui-ci se tient debout, et les eaux ne l'atteignent que jusqu'à la

(1) La place où se trouvait ce bassin est maintenant occupée en partie par le *Bain-Romain*.

ceinture; celui-là plonge et disparaît momentanément dans le gouffre.

» Cependant, près de l'endroit où la source
jaillit en bouillonnant, on aperçoit les vieillards
épuisés, les femmes décrépites, toute une popu-
lace noire, flétrie, débile, pâle et tremblante, qui
se tient obstinément dans ce lieu : l'onde pure
est souillée du contact immonde de cette tourbe
hideuse.

» Mais plus loin sont les vierges brillantes de
jeunesse, de grâce et de beauté, rieuses, aima-
bles, élégantes, en un mot dignes filles de Vénus;
l'œil se repose agréablement sur leur peau douce
et satinée, sur leurs seins arrondis et blancs
comme la neige, qu'un lin jaloux ne peut complétement voiler. Le lac se réjouit à leur aspect,
et ses eaux en reçoivent un nouvel éclat; ces
vierges charmantes s'avancent dans l'onde en
folâtrant, gracieusement entrelacées; leurs yeux
lancent des éclairs, leurs joues sont animées
d'un brillant incarnat, leurs lèvres rosées inspi-
rent l'amour.

» Telles, s'il est permis de comparer les petites
choses aux grandes, telles tes sœurs, divine Gala-
tée, t'environnent auprès de Nérée, en entrela-
çant leurs bras d'ivoire et en fendant les flots de
la mer Carpathienne, au-dessus desquels brillent
leurs mamelles aussi blanches que le lait; Palé-
mon, fils d'Ino, et Glaucus, son compagnon, les

accompagnent, et les tritons font retentir au loin les sons éclatants de leurs conques.

» Si, parmi ces belles, votre cœur a été percé de quelques traits, il vous est permis d'adresser vos vœux à celle qui vous a charmé; elles sont de conditions et de patries différentes, et vous ne les trouverez cruelles ni le jour ni la nuit. Telle fut, je crois, la vie des hommes sous le règne de Saturne; telle est encore aujourd'hui la vie heureuse des hôtes des bois, qui errent en liberté dans les vertes profondeurs des forêts, sans autre loi que celle de la nécessité, et sans être liés par le droit, ni par la coutume, ni par l'usage.

» Dans le lieu où cette foule est ainsi rassemblée, l'un parle à haute voix, l'autre chante, un autre rit; celui-ci parle bas à son voisin, qui l'écoute attentivement; celui-là tousse et crache; plus loin, un estomac gazeux fait entendre un bruit peu harmonieux; ici, l'un se mouche; là, un autre malade gratte sa peau desséchée.

» D'un côté, on entend des gémissements arrachés par la douleur; ils sont poussés par les malheureux dont les souffrances n'ont point été soulagées, et qui maudissent cruellement l'onde innocente. D'un autre côté, on entend vanter la bienfaisante vertu des eaux, et les rapides guérisons dues à leur efficacité; on vous fait voir avec admiration les pieds ou les mains dont les malades ont recouvré l'usage. Plus loin, on distribue des aliments aux baigneurs, dont l'appétit a été excité par l'action des eaux ; pour rafraîchir leurs gosiers altérés, ils boivent d'une onde bienfaisante (1) que l'on amène du sommet d'une haute montagne, au moyen d'un conduit d'environ treize cents pas, et qui tempère la chaleur de ce fleuve de feu.

» Au sortir du bassin, dans les maisons voisines, on boit, on mange, on danse joyeusement. Puis celui qui est ami du repos s'abandonne à un sommeil réparateur ; un autre, au contraire, pénètre dans les forêts voisines, et gravit les montagnes, en recherchant l'endroit où les sources prennent leur naissance.

» Quant aux malades, ils languissent sur un lit de douleur, et réclament instamment les soins de la médecine ; leur unique préoccupation est de recouvrer au plus tôt la santé, le plus précieux de tous les biens.

» Mais l'un d'eux, venu aux eaux dans l'espoir d'une guérison impossible, vient de mourir loin de ses parents et de ses amis ; on l'emporte aussitôt hors de la maison, et le malheureux laisse un moine pour héritier, héritier exécrable entre tous, et cependant héritier légitime, suivant un antique usage de ce pays (2).

(1) Camérarius veut probablement parler de l'eau savonneuse.

(2) D'après un vieil usage, qui a subsisté jusque dans le siècle dernier, le curé de Plombières héritait de tout

» Ainsi passent les jours dans cette contrée ;
mais, pendant ce temps, l'argent diminue, et la
bourse devient légère. Alors tous les étrangers,
guéris ou non guéris, s'empressent de retourner
dans leurs patries respectives ; les uns repartent
tristes et peu satisfaits du résultat de leur
voyage, les autres sont enchantés de leurs succès ;
l'Espérance, cette divine compagne, ne les abandonne pas ; elle les reconduit tous, au contraire,
jusqu'à leurs demeures, en consolant les malheureux, et en adoucissant les chagrins causés
par de longues et cruelles souffrances.

» Presque tous ces étrangers sont joyeux de
partir ; ils quittent sans le moindre regret les habitants de Plombières, race superstitieuse, in-
hospitalière, fainéante et complétement inepte.
Cette race prétend descendre des Romains ; non,
non, elle descend plutôt d'une horde sauvage de
Gètes. Nul ne consentirait à vivre volontairement
au milieu de ces gens grossiers ; à peine arrivé
parmi eux, on désirerait déjà, au contraire, s'en
éloigner au plus vite. »

le mobilier des étrangers décédés dans cette ville. Pour
expliquer l'amertume des paroles que Camérarius lance
ici à l'adresse des moines, nous devons faire connaître
au lecteur qu'il avait embrassé avec ardeur le parti de la
réforme, et avait même aidé Mélanchthon, son ami, à ré-
diger la confession de foi des protestants, si connue sous
le nom de confession d'Augsbourg.

V

Montaigne à Plombières.

Tel est le poème de Camérarius, poème plein de verve et d'esprit, mais dont le dernier passage, appliqué à la généralité des habitants, nous paraît cependant beaucoup trop acrimonieux. Le reproche d'inhospitalité, entre autres, est complétement immérité. Les habitants de Plombières n'ont jamais passé pour être inhospitaliers ; au contraire, comme nous l'avons déjà dit, ils sont généralement polis et prévenants à l'égard des baigneurs qui s'y rendent aux eaux ; et si quelques logeurs ont largement mis à profit, ces dernières années, l'affluence de monde produite par le séjour de l'Empereur, il est juste d'ajouter que la plupart d'entre eux se sont toujours fait honorablement remarquer autant par la modicité de leurs prix que par les soins et les égards dont ils ont l'habitude d'entourer les étrangers.

Au reste, après la critique de Camérarius, nous devons, pour être impartial, citer l'éloge qu'a fait le célèbre Montaigne des habitants de Plombières :

« Les logis, dit-il, n'y sont pas pompeux, mais fort commodes ; car ils font, par le service de force galeries, qu'il n'y a nulle subjection d'une chambre à l'autre.

» C'est une bonne nation, libre, sensée, officieuse. »

Ailleurs, il déclare que, parmi les bains qu'il a vus, « il donne la préférence à ceux de Plombières, où il y a le plus d'aménité de lieux, de commodité de logis, de vivres et de compagnie. »

Voici, en outre, la description qu'il fait des bains de Plombières :

« ... Ce lieu est assis aux confins de la Lorraine et de l'Allemagne, dans une fondrière, entre plusieurs collines hautes et coupées, qui le serrent de tous côtés. Au fond de cette vallée naissent plusieurs fontaines, tant froides naturelles que chaudes. L'eau chaude n'a ni senteur, ni goût, et est chaude tout ce qui s'en peut souffrir au boire ; quant au being, il est de très douce température, et de vrai, les enfants de six mois et d'un an sont ordinairement à grenouiller dedans. Il y a plusieurs beings, mais il y en a un grand et principal, bâti en forme ovale, d'une ancienne structure ; les places y sont distribuées par les côtés, avec des barres suspendues à la mode de

nos équiries, et jette-t-ou des ais par le dessus,
pour éviter le soleil et la pluie; il y a autour trois
ou quatre degrés de marches de pierres, à la mode
d'un théâtre, où ceux qui se beignent peuvent
être assis ou appuyés. On y observe une *singulière modestie*, et il est indécent aux hommes de
s'y mettre autrement que tout nuds, sauf une
petite braie, et les fames sauf une chemise.

» Tous les ans, ils refréchissent dans un tableau
au devant du grand being, en langaige allemand
et en langaige françois, les lois ci-dessoubs
écrites :

» Claude de Reynach, conseiller et chambellan
de M. le duc, et son bailly de Vosges, savoir fai-
sons que, pour le repos assuré et tranquillité de
plusieurs dames et autres personnages notables,
affluants de diverses régions et pays, en ces
beings de Plombières, avons statué et ordonné
ce qui suit :

» Savoir, en ce que l'ancienne discipline de
correction pour les fautes légères demeurera ès-
mains des Allemands, comme d'ancienneté, auxquels il est enjoint faire observer les cérémonies,
statuts et polices, desquelles ils ont usé pour la
décoration desdits beings, et punitions des fautes
qui seront commises, sans user de blasphèmes
et autres propos irréventieux contre l'Église
catholique et traditions d'icelle... Inhibition est
faite à toutes personnes de quelle condition, ré-
gion et province qu'ils soient, se provoquer de

propos injurieux et tendant à querelles, porter armes ès dits beings, donner démenti ni mettre la main aux armes, à peine d'être puni grièvement comme infracteur des sauvegardes et rebelle à Son Altesse. Au surplus, est prohibé et défendu, à toutes personnes venant de lieux contagieux, de se présenter ni approcher de ce being de Plombières, à peine de la vie ; enjoignant bien expressément au *maieur* (1) et gens de justice d'y prendre soigneusement garde, et à tous habitants dudit lieu de nous donner billets contenant les noms et surnoms, et résidence des personnes qu'ils auront reçues et logées, à peine de l'emprisonnement de leur personne.... »

« Les hôtesses y font fort bien la cuisine. Nous logeâmes à l'*Ange* ; tout le logis, où il y avait plusieurs chambres, ne coûtait que quinze sous par jour, la nourriture des chevaux à sept sous. Il me commanda (c'est le secrétaire de Montaigne qui écrit sous la dictée de son maître), à la faveur de son hôtesse, selon l'humeur de la nation, de laisser un écusson de ses armes, en bois, qu'un peintre dudit lieu fit pour un écu, et le fit l'hôtesse curieusement attacher à la muraille par le dehors...

» Nous partîmes, et passâmes un pays montagneux, qui retentissait partout sous le pied de nos chevaux, comme si nous marchions sur une

(1) Dignité qui pouvait répondre à celle de maire.

voûte, et semblait que ce fussent tabourins qui tabourdassent autour de nous. »

Heureux temps que celui où un logis composé de plusieurs chambres ne coûtait que quinze sous par jour ! Ce temps aurait pu passer, à juste titre, pour l'âge d'or des voyageurs, si, d'un autre côté, ceux-ci avaient eu, comme maintenant, des voies ferrées, ou tout au moins des routes carrossables, et qu'ils n'eussent pas couru le risque d'être si fréquemment dévalisés par les détrousseurs de grands chemins. Cependant si ces derniers ont de nos jours complétement disparu, on peut dire qu'ils sont avantageusement remplacés par les hôteliers.

Mais il y a néanmoins progrès : autrefois, le voyageur était brutalement attaqué et dévalisé sur sa route, sans que l'on eût seulement la politesse de lui crier ; gare ! aussi c'était alors le règne de la barbarie.

Actuellement, c'est avec des formes beaucoup plus polies que l'on pratique des incisions sur la bourse des touristes ; ainsi, le voyageur qui descend du chemin de fer se voit, en entrant dans un hôtel, reçu aussitôt — s'il est bien mis — de la manière la plus obséquieuse par le maître et les garçons, la serviette sous le bras. A son départ, il est abordé par l'hôtelier, qui se présente devant lui, non pas d'un air menaçant et armé d'un pistolet, mais d'un air très obséquieux, et ne portant pour toute arme qu'une carte à payer.

Le voyageur doit alors s'exécuter de bonne grâce, en s'estimant heureux d'être dépouillé d'une aussi charmante manière.

Aussi notre époque est-elle vraiment l'époque du progrès, de la civilisation, des jeux de bourse et de la vapeur !....

Mais notre imagination, cette *folle du logis*, nous emporte bien loin de Plombières; hâtons-nous de repousser cette volage sirène, et de revenir bien vite à notre sujet.

VI

Légende gauloise.

On a beaucoup disserté sur l'époque de la découverte des eaux de Plombières; quelques auteurs ont attribué cette précieuse découverte à Labiénus, lieutenant de César, dont les chiens allaient souvent, disent ces auteurs, se baigner dans la source chaude, actuellement connue sous le nom de *Fontaine-du-Crucifix*. Etonné de les voir toujours revenir dans son camp tout mouillés et tout fumants, Labiénus les fit suivre un jour dans les profondeurs de la forêt où ils avaient l'habitude de pénétrer, et l'on découvrit alors, au pied d'un chêne gigantesque, la mare d'eau chaude où ils se plongeaient, mare que l'on appelait autrefois la *Fontaine-du-Chêne*. Comme depuis longtemps il n'existe plus de chêne à cet endroit, et que cette source, qui se trouve sous les Arcades, est maintenant couronnée d'un christ, on la désigne, pour cette raison, sous le nom de *Fontaine-du-Crucifix*.

Nous ne voulons pas discuter cette version : mais nous allons reproduire ici une vieille légende peu connue, qui fait remonter la découverte des eaux de Plombières à une époque bien antérieure à l'invasion des Romains dans les Gaules.

Voici cette légende, telle que nous l'avons entendu raconter par un savant vieillard du pays :

« C'était dans ces temps reculés où la Gaule, toute couverte de forêts sacrées, était gouvernée par les druides, ces prêtres terribles de la sombre et mystérieuse religion d'Hésus et de Teutatès. Chaque année voyait alors se renouveler, dans le pays des Carnutes, leur assemblée générale, où ils jugeaient les peuples et élisaient le druide suprême, souverain occulte de toutes les nations d'origine celtique ; chaque année aussi, le sixième jour de la lune de mars, et dans chaque tribu, un druide en robe blanche coupait solennellement, avec une serpette d'or, le gui précieux d'un chêne sacré (1), panacée que ces prêtres, qui s'étaient en outre réservé exclusivement l'exercice de la médecine, employaient pour la guérison de toutes les maladies.

» Les bardes florissaient à cette époque ; les

(1) Le mot *druide* paraît dériver du mot armoricain *deru*, qui signifie *chêne*. Le chêne était considéré par les Gaulois comme un arbre sacré.

bardes, ces poètes sacrés dont la mission était de chanter les louanges des dieux et les exploits guerriers des héros de la Gaule.

» C'était aussi l'époque où l'on immolait fréquemment à Hésus et à Teutatès des victimes humaines ; ces sanglants sacrifices, qui formaient une des bases essentielles du culte druidique, se célébraient dans un lieu consacré, au centre des forêts ; on y plaçait à cet effet un colosse d'osier, que l'on remplissait de criminels condamnés à mort ou de victimes choisies dans les calamités publiques pour apaiser la colère des dieux ; un druide y lançait alors une torche enflammée, et tous ces malheureux périssaient bientôt au milieu d'horribles souffrances.

» Un jour, devant le conseil suprême des druides, on amène, soigneusement garrottée, une femme jeune encore, et merveilleusement belle malgré sa pâleur ; ses longs cheveux tombent en désordre jusqu'à terre, ses traits expriment une profonde terreur ; elle s'avance en chancelant devant ses terribles juges. Tout le peuple assemblé se sent pris d'une vive compassion pour cette femme, et se demande de quel crime elle peut être accusée ; dans la foule, un jeune homme attend surtout avec une fiévreuse anxiété le résultat de la sentence, et cherche à rencontrer les regards de l'infortunée captive, en évitant toutefois d'éveiller sur lui l'attention de ses voisins.

» Les juges interrogent l'accusée ; le peuple

apprènd alors que cette femme était une des
neuf vierges de l'île de Sein, druidesses qui pé-
nétraient les secrets de l'avenir et commandaient
aux tempêtes. Cédant à la passion que lui avait
inspirée un jeune Armoricain, elle avait oublié
ses vœux et s'était laissé surprendre par une autre vierge, qui avait immédiatement dévoilé son
crime.

» L'accusée ne cherche pas à se défendre ; elle
est condamnée à être brûlée vive le lendemain,
et jusqu'au moment du supplice elle doit rester
attachée par des liens solides à un arbre voisin
du lieu où s'expiera son crime.

» La foule se retire en silence ; mais habituée
à voir fréquemment employer ce genre de supplice, elle ne paraît manifester aucune horreur ;
la pitié reste cachée au fond des cœurs. Le jeune
homme, qui cherchait à rencontrer les yeux de
l'accusée, et qui n'était autre que son amant, s'en-
fonce alors dans les fourrés les plus épais du
bois ; il songe, en attendant la nuit, aux moyens
de délivrer la prisonnière et de se dérober ensemble à toutes les poursuites. Lorsqu'il avait
été surpris avec la prêtresse, il avait pu s'échapper, et, sachant qu'à cause de sa qualité elle ne
pouvait être jugée que par le conseil suprême
des druides, qui se tenait dans la forêt sacrée
des Carnutes, il n'avait pas manqué de s'y
rendre à l'époque où ce conseil avait l'habitude
de s'assembler. Malgré tous ses efforts, il n'avait

pu parvenir à faire connaître à l'accusée qu'un sauveur se trouvait là, prêt à tout tenter pour l'arracher à l'horrible sort qui l'attendait.

» La nuit vient cependant couvrir la terre d'épaisses ténèbres ; les deux Gaulois chargés de garder la prisonnière finissent par s'abandonner à un profond sommeil, après s'être assurés de la solidité des liens qui la retenaient à l'arbre où elle était attachée, et s'être par là convaincus de l'impossibilité d'une évasion. Par un surcroît de précaution, ils ont eu soin, en outre, de se coucher en travers devant elle ; puis ils se sont endormis tranquilles.

» Quant à la prêtresse, elle ne peut goûter les douceurs du sommeil ; elle repasse en elle-même les événements de sa vie ; elle songe à son long et dur noviciat ; elle se remémore le jour où la vue du jeune Armoricain fit sur son cœur une si vive impression ; elle arrête principalement ses pensées sur ce trop court moment de félicité qu'elle va si chèrement expier ; elle désirerait surtout revoir une dernière fois cet amant pour qui elle a oublié ses vœux et s'est exposée à une mort horrible.

» Au moment où elle se livrait à cette dernière pensée, il lui sembla entendre un léger bruit provenant d'un fourré voisin ; elle se mit à prêter une oreille attentive, et tressaillit d'espoir en croyant distinguer les pas de quelqu'un qui s'avançait avec précaution : bientôt les ténèbres lui permirent d'apercevoir confusément les formes d'un homme qui, après avoir tâtonné quelque temps, heurta le corps d'un des deux gardes endormis. Le garde, réveillé en sursaut, allait se lever, lorsqu'un violent coup de hache vint lui fendre aussitôt la tête ; puis, et avant que l'autre garde eût le temps de se reconnaître, le libérateur inattendu brisa vivement les liens de la captive, et, sans prononcer une parole, l'entraîna avec lui dans les profondeurs de la forêt.

» La prêtresse a reconnu son amant ; quoique considérablement affaiblie par sa captivité et par les tortures morales qu'elle a subies, elle retrouve des forces pour le suivre dans sa marche précipitée ; la joie lui fait oublier la fatigue, et le jour trouve déjà les deux fugitifs bien loin du lieu où devait s'accomplir le funèbre sacrifice.

» Après avoir attentivement écouté dans toutes les directions pour s'assurer s'ils n'entendent aucun bruit suspect, les deux amants s'arrêtent alors près d'un buisson touffu, qui les cache entièrement, et prennent quelques instants de repos ; heureux de se trouver réunis, ils se promettent de ne plus se quitter désormais, et jurent de vivre ou de mourir ensemble ; ils oublient dans leurs tendres embrassements toutes les misères passées, et font ensuite à la hâte un léger repas au moyen de fruits et de racines qu'ils trouvent en cet endroit.

» Cependant ils ne se dissimulent pas les dangers auxquels ils sont encore exposés ; ils savent que d'un moment à l'autre ils peuvent être surpris par les émissaires que les druides ont dû envoyer de tous les côtés, à la recherche de la fugitive. Aussi reprennent-ils bientôt leur marche à travers les forêts, en se dirigeant du côté du levant ; ils ne vivent d'abord que de racines et de fruits sauvages ; mais lorsqu'ils se croient assez loin du pays des Carnutes pour ne plus avoir rien à craindre , ils se hasardent à demander l'hospitalité dans les huttes isolées qu'ils rencontrent sur leur chemin, hospitalité que l'on s'empresse toujours de leur accorder avec plaisir, suivant la coutume de ces temps reculés.

» Ils parcoururent ainsi le pays des Sénonais, puis celui des Tricasses ; après avoir ensuite traversé le territoire des Lingons, ils entrèrent dans une immense forêt qui s'étendait au pied des Vosges. Les branches des arbres séculaires de cette forêt s'entrelaçaient entre elles, de manière à rendre l'accès dans le bois presque impossible ; mais les deux amants venaient d'apprendre, dans une hutte où ils avaient reçu l'hospitalité, que l'on avait vu récemment rôder aux alentours des gens que l'on supposait être à la recherche de quelque fugitif ; ils durent donc pénétrer dans cette forêt, malgré les difficultés qui les arrêtaient à chaque pas ; ce n'était qu'au moyen de sa hache que le jeune Armoricain pouvait à grand'peine se frayer un chemin à travers les branches et les buissons touffus qui formaient comme des lianes impénétrables.

» Après avoir ainsi marché pendant quelques jours, ils arrivèrent au-dessus d'une étroite vallée, du fond de laquelle ils virent avec surprise s'échapper des vapeurs bouillonnantes. L'Armoricain, effrayé, s'imagina qu'ils étaient parvenus aux limites qui séparent le monde terrestre du monde infernal; mais son amante, initiée, en sa qualité de prêtresse, aux secrets de la magie, voulut pénétrer les causes de ce phénomène, et descendit hardiment. L'Armoricain ne put se dispenser de la suivre, quoique en proie à une profonde terreur : ils aperçurent alors, au fond de la vallée, non loin d'un ruisseau qui faisait entendre un bruyant murmure, une vaste mare d'eau chaude d'où s'élevait à gros bouillons la masse des vapeurs qu'ils avaient aperçues du haut de la montagne.

» Cette mare se trouvait dans une espèce de clairière encore parsemée çà et là de quelques arbres, mais qui formait un contraste assez agréable avec les épais fourrés qui l'entouraient de toutes parts.

» Cet étroit vallon, dont le calme n'était troublé que par le murmure du ruisseau, se trouvait donc séparé du reste du monde par une barrière infranchissable de forêts et de montagnes; des fruits sauvages et des baies noires abondaient dans les bois environnants; tout, dans cet endroit, respirait la paix la plus profonde et semblait inviter les fugitifs à y fixer leur demeure.

» Cette pensée vint aussitôt à l'esprit de la druidesse ; son amant, rassuré par elle au sujet de la source chaude qu'ils venaient de découvrir, et ne craignant plus que cette source fût un produit des enfers, donna son assentiment à la proposition qu'elle lui fit de vivre dans ce lieu, où ils seraient à l'abri de toutes poursuites, et où leurs amours ne seraient plus désormais traversées.

« Ils bâtirent donc une petite hutte, et y vécurent parfaitement heureux ; ils eurent beaucoup d'enfants, et ce vallon, autrefois si désert, devint bientôt célèbre par ses eaux thermales, dont la druidesse enseigna à ses enfants les bienfaisantes propriétés. Il reçut de là le nom de *Plomber*, nom composé des deux mots celtiques *plon* (eau) et *ber* (chaude). »

Telle est la légende du vieillard, que nous reproduisons textuellement, — mais sans en garantir l'authenticité ; — cependant elle ne manque pas de vraisemblance, et vaut au moins toutes les autres traditions connues sur Plombières.

VII

Nous allons passer rapidement sur l'histoire de Plombières — du reste assez obscure jusqu'au seizième siècle — pour arriver plus tôt à Stanislas Leczinski, le bienfaiteur de la Lorraine, qui agrandit et transforma complétement cette ville.

Comme on l'a vu dans le chapitre précédent, Plombières doit avoir une origine gauloise. Les Romains y vinrent ensuite, dans le commencement du premier siècle de notre ère, et leur présence y est attestée par les vestiges de nombreuses constructions, ainsi que par des médailles trouvées en 1770 et en 1818. La plupart de ces médailles ou pièces de monnaie étaient en bronze et portaient les têtes de Néron, de Vespasien, de Domitien, de Faustine, de Trajan et d'Adrien.

Après la chute de l'empire romain, on n'a plus, jusqu'au treizième siècle, que des données incer-

taines sur l'histoire des eaux de Plombières. Encore ce ne fut réellement qu'au seizième siècle
que ces eaux commencèrent à avoir une renommée européenne. Camérarius, dont le petit poème
se trouve traduit dans le chapitre IV du présent
ouvrage, est un des premiers écrivains qui aient
parlé des bains de Plombières ; nos lecteurs connaissent également les passages de l'illustre
Montaigne dans lesquels ces mêmes bains sont
célébrés par lui comme étant les premiers de tous
ceux qu'il avait vus.

Plombières subit, à différents intervalles, plusieurs catastrophes qui menacèrent son existence : la première fut un incendie qui consuma
presque entièrement cette ville en 1498 ; un se-
cond incendie, encore plus violent que le premier, éclata ensuite dans le mois de mai de l'année 1517; enfin, un tremblement de terre vint, le
12 mai 1682, à deux heures du matin, ébranler
non-seulement le territoire de Plombières, mais
encore celui de toute la contrée environnante.
Beaucoup de maisons s'écroulèrent ou se fendi-
rent, et plusieurs personnes perdirent la vie dans
ce désastre. Toutefois, après chacune de ces
épreuves, Plombières se releva de ses ruines plus
brillant que jamais ; enfin, la prédilection de
Stanislas pour cette ville vint mettre le comble
à sa prospérité.

La Lorraine ayant été donnée à Stanislas par
suite du traité de Vienne du 3 octobre 1735, ce

prince, après avoir éprouvé jusqu'alors tant de vicissitudes, ne songea plus qu'à faire le bonheur de cette province, qui conserve encore maintenant le souvenir de tous ses bienfaits, et qui lui a décerné à juste titre le nom de *Père du peuple*.

Mais Plombières fixa particulièrement l'attention de Stanislas : il fit d'abord faire une route dont la pente adoucie permît aux voitures arrivant d'Épinal de descendre facilement jusque dans l'intérieur de la ville. Auparavant, les étrangers qui venaient de ce côté étaient obligés de laisser leurs voitures au-dessus de la montagne et de descendre à pied ou en chaise à porteurs. Stanislas fit, en outre, border cette route d'un solide parapet, à l'effet de maintenir les terres.

Plombières doit aussi à Stanislas la reconstruction et l'agrandissement de son hospice, sa Grande-Rue, que nous avons appelée la rue de Rivoli de Plombières; la maison des Arcades, bâtie vers 1760, et sous laquelle se trouvent les magasins dont nous avons parlé au chapitre Ier. Cette maison, dont une partie sert de logement à l'inspecteur des eaux, est appelée par quelques personnes du nom un peu trop fastueux de Palais-Royal.

La *Promenade-des-Dames*, située à l'est de Plombières, du côté de la route de Remiremont, est également due à Stanislas; il la fit établir en l'honneur de ses petites-filles, mesdames Victoire et Adélaïde de France, filles du roi Louis XV, qui vinrent aux eaux de Plombières en 1761 et en 1762.

Stanislas mourut, le 23 février 1766, à l'âge de quatre-vingt-huit ans, des suites d'une chute dans le foyer de sa cheminée ; sa mort fut une calamité publique pour toute la Lorraine et surtout pour Plombières, où la douleur fut immense et le deuil universel.

Le poëte élégant et badin, filleul de Stanislas, a ainsi célébré la mémoire de ce bon prince dans les vers suivants, que l'on trouve inscrits sur la fontaine qui porte le nom de *Fontaine-Stanislas*, et qui est située dans une position charmante, à une demi-lieue environ de Plombières, au-dessus de la route de Saint-Loup. Là, au sommet d'un petit plateau et sous un roc énorme, que surmonte un vieux chêne, s'échappe à petit bruit, dans une étroite cuvette, l'eau claire et limpide de la source qui doit son nom à Stanislas.

Voici ces vers gravés sur le roc, mais que le temps a quelque peu effacés :

(SEPTEMBRE 1813.)

« Fontaine que le nom du plus aimé des rois
Doit rendre à jamais chère à toute la contrée,
Ne vous attendez plus à vous perdre ignorée
 Sous l'herbe et la mousse des bois ;
 Stanislas vous a consacrée ;
 Glorieuse d'un nom si beau,
 Que le murmure de votre eau
Parle de Stanislas à la race future ;

3

Simple dans sa grandeur, bon comme la nature,
Son règne pastoral fit croire à l'âge d'or.
Votre onde est à nos yeux bien pure,
Son âme était plus pure encor !

Chevalier de BOUFFLERS. »

VIII

Voltaire. — L'Impératrice Joséphine. — La Duchesse d'Orléans.

A peine quelques années s'étaient-elles écoulées depuis la mort de Stanislas, que Plombières, déjà éprouvé tant de fois, eut encore à subir un nouveau fléau : l'Eaugronne, petite rivière qui traverse cette ville et va se jeter dans la Sémouse, à quelques lieues plus loin, ayant débordé tout à coup à la suite d'un violent orage, Plombières fut entièrement inondé dans la nuit du 25 au 26 juillet 1770 ; les ponts furent emportés par la violence des eaux ; un grand nombre de maisons furent renversées ; les bains furent comblés par les débris de toute nature qu'entraînait l'Eaugronne, transformée en torrent impétueux ; deux prêtres et cinq enfants furent noyés sans qu'on eût pu les secourir.

Le désastre était immense ; mais la munificence de Louis XV vint en aide à Plombières, qui fut reconstruit, l'année suivante, sous la direction du marquis de La Galaizière, intendant de la province de Lorraine, et sous la conduite du sieur Deklier Delille, ingénieur des ponts et chaussées. La prospérité des eaux de Plombières fut donc à peine interrompue par cette catastrophe, qui avait failli détruire la ville de fond en comble.

En somme, le dix-huitième siècle y vit s'accroître considérablement le nombre des baigneurs célèbres ; ainsi ces mêmes eaux reçurent notamment, à deux reprises, la visite de Voltaire, qui s'est amusé à faire sur Plombières quelques vers satiriques, comme il savait si bien les faire. Nous les transcrivons ici.

« Du fond de cet antre pierreux,
Entre deux montagnes cornues,
Sous un ciel noir et pluvieux,
Où les tonnerres orageux
Sont portés sur d'épaisses nues,
Près d'un bain chaud, toujours crotté,
Plein d'une eau qui fume et bouillonne,
Où tout malade empaqueté
Et tout hypocondre entêté,
Qui sur son mal toujours raisonne,
Se baigne, s'enfume et se donne
La question pour sa santé ;
Où l'espoir ne quitte personne ;
De cet antre où je vois venir
D'impotentes sempiternelles
Qui toutes pensent rajeunir ;

. . . .
. . . .
. . . .
Où par le coche on nous amène
De vieux citadins de Nancy
Et des moines de Commercy ,
Avec l'attribut de Lorraine
Que nous rapporterons d'ici ;
De ces lieux où l'ennui foisonne,
J'ose encore écrire à Paris.... »

Plombières fut particulièrement affectionné par la bonne impératrice Joséphine, qui y vint à plusieurs reprises et y continua l'œuvre de Stanislas, en répandant partout les bienfaits autour d'elle. Toute la contrée est encore remplie du souvenir des vertus et de l'affabilité de cette excellente souveraine.

Elle logeait dans la maison qui appartient aujourd'hui à madame Lambinet, et qui se trouve située vis-à-vis de la *Maison-des-Dames*. Il faut croire qu'à cette époque les balcons qui ornaient les habitations de Plombières n'étaient pas très solides, car on raconte que l'impératrice, se trouvant un jour sur le sien, les planches — sans doute vermoulues.— sur lesquelles elle posait les pieds cédèrent tout à coup, et elle tomba dans la rue, mais heureusement sans se faire aucun mal.

Pareil danger n'est plus à craindre aujourd'hui, car tous les balcons que l'on voit maintenant à Plombières sont aussi solides qu'élégants.

L'impératrice Joséphine aimait beaucoup à aller se promener au *Moulin-Joli :* on arrive à ce moulin, après un quart d'heure de marche environ, en remontant le petit ruisseau de Saint-Antoine, qui vient se jeter dans l'Eaugronne, un peu au-dessus de la Promenade-des-Dames, près de la fabrique de couverts appartenant à M. Hildebrand. Cette bonne impératrice se plaisait souvent à aller faire des repas champêtres dans ce pittoresque endroit.

Le 5 juillet 1842, la duchesse d'Orléans vint aux eaux de Plombières, accompagnée du duc d'Orléans, qui repartit le surlendemain matin, en disant aux habitants : « Je reviendrai ; je vous confie ce que j'ai de plus cher au monde. » Mais la Providence en avait décidé autrement : quelques jours plus tard, ce prince, si plein de jeunesse et de vie, périssait misérablement dans l'arrière-boutique d'un épicier. A peine la duchesse avait-elle eu le temps de prendre quelques bains et de visiter quelques promenades et quelques sites des environs, qu'elle apprit l'affreux malheur qui venait la frapper si cruellement. Cette fatale nouvelle la fit partir précipitamment, et Plombières, qui n'avait plus eu de protecteur depuis l'impératrice Joséphine, resta stationnaire encore pendant quatorze ans.

IX

L'Empereur Napoléon III.

L'établissement thermal de Plombières se soutenait donc depuis de longues années assez péniblement, lorsque l'Empereur vint y prendre les eaux en 1856. A l'arrivée du chef de l'État dans les Vosges, l'enthousiasme fut immense et universel ; toutes les populations de ce département et des départements voisins accoururent en foule pour contempler les traits de l'auguste Souverain qui avait sauvé la France et lui avait fait recouvrer son ancien rang en Europe. Dès lors, Plombières changea complétement de face : l'animation, le bruit, le mouvement succédèrent au calme habituel de cette petite ville ; une garnison de quatre à cinq cents hommes et une excellente musique militaire vinrent encore contribuer à cette prospérité renaissante.

L'Empereur, continuant les traditions de Stanislas et de l'impératrice Joséphine, se fit aussitôt chérir de toute la population, tant par son affable bonté et par les innombrables bienfaits qu'il répandit dans tout le pays, que par les importants travaux qu'il y fit exécuter, et qui procurèrent de l'occupation à une nombreuse population ouvrière.

Ainsi, il fit d'abord rectifier la route qui traverse Plombières, de manière à faciliter dans cette ville la circulation des voitures ; il créa ensuite une charmante promenade, à l'ouest des nouveaux thermes que l'on construit actuellement, et près de la route de Saint-Loup ; cette promenade, appelée le *Parc-Impérial,* est environnée de coteaux verdoyants, bordée de blocs grisâtres et de cascades écumantes ; plusieurs filets d'eau, descendant des coteaux voisins , y entretiennent une agréable fraîcheur ; on y voit un petit lac, dans lequel se pavanent quelques cygnes gracieux, et un kiosque champêtre offre ses fauteuils rustiques au promeneur fatigué. De là, on peut se rendre en vingt minutes à la Fontaine-Stanislas, en suivant un chemin facile, qui traverse le bois situé à l'extrémité ouest du Parc-Impérial.

L'Empereur revint à Plombières en 1857 et en 1858, et chacune de ces années fut encore signalée par de nouveaux bienfaits et de nouvelles améliorations. Aussi, de même qu'autrefois Stanislas, est-il béni de toute la contrée, qui le considère comme un nouveau Père du peuple.

Le cadre restreint de ce petit ouvrage ne nous permet pas d'énumérer ici tous les nombreux travaux que Sa Majesté fait actuellement exécuter pour l'agrandissement et l'embellissement de Plombières ; nous citerons, entre autres, les nouveaux thermes et les nouveaux hôtels que l'on construit entre le sentier conduisant au Parc-Impérial et la route de Saint-Loup, et qui seront bientôt terminés, par suite de la vive impulsion donnée aux travaux, que l'on fait avancer avec toute l'activité possible.

C'est Sa Majesté qui a désigné elle-même la position de ces nouveaux thermes, et qui en a posé la première pierre le 22 juillet 1857, dans une touchante cérémonie, dont toute la contrée garde encore le souvenir. Ces thermes doivent, pour cette cause, être désignés sous le nom de *Thermes-Napoléon.*

Nous pensons faire plaisir au lecteur en reproduisant ici le texte du discours adressé à l'Empereur, lors de cette cérémonie, par M. Balland, curé de Plombières, prêtre aussi éloquent que charitable envers les pauvres. Nous insérons en outre, à la suite de ce discours, la belle réponse de Sa Majesté.

Voici les paroles prononcées par M. le curé de Plombières :

« Sire,

» Cette pierre est destinée à former la première assise d'un monument qui portera aux générations futures le témoignage de la bienveillante sollicitude de Votre Majesté en faveur de la ville de Plombières; c'est vous, Sire, qui en avez conçu la première pensée; c'est vous qui avez tracé les moyens qui devaient en assurer la prompte exécution; c'est vous qui avez écarté les obstacles qui s'opposaient à la réalisation immédiate d'un si généreux dessein.

» Ce monument ne peut recevoir d'autre nom que celui de Votre Majesté, puisqu'il est tout entier son ouvrage. Ainsi, je vais bénir dans un instant la première pierre du bain et de l'hôtel Napoléon; et ce baptême, Sire, que je prends sur moi de donner à cet édifice, l'assentiment unanime et les acclamations chaleureuses de l'opinion publique ne manqueront pas de le ratifier.

» Sire, il y a maintenant quarante-huit ans, Napoléon Ier se trouvait au palais de Schœnbrunn. C'est dans cette résidence impériale qu'il décrétait l'acquisition par l'État des thermes de Plombières. Mais une auguste protectrice était intervenue; une avocate magnanime avait plaidé avec zèle la cause de nos pères, et l'illustre conquérant avait enfin cédé aux pressantes sollicitations de l'Impératrice Joséphine. Sire, ce fut cette acquisition, ardemment désirée, qui sauva la ville de Plombières de la ruine dont elle se voyait alors tristement menacée.

» Aujourd'hui, Sire, renouant la chaîne des temps, Votre Majesté agrandit Plombières; elle se plaît à l'embellir et à prodiguer à ses heureux habitants tous les avantages d'une prospérité qui est sans exemple dans ses modestes annales.

» Daignez, Sire, accueillir, avec cette bonté qui est le caractère bien connu de Votre Majesté, les profondes actions de grâces de cette population fidèle, qui se sent comme accablée sous le poids de vos bienfaits.

» Si le respect dont elle est pénétrée ne la retenait dans les bornes qu'impose la majesté du trône, peut-être s'oublierait-elle jusqu'à vous donner le doux nom de Père; perdant de vue l'auguste caractère du souverain, peut-être affecterait-elle de lui dire *pro affectu, Pater.* Mais si de hautes convenances nous font une loi de choisir un langage plus mesuré, au moins, Sire, qu'il nous soit permis de déposer à vos pieds l'hommage des sentiments qui nous animent, et qui serviront désormais de mobile à tous les mouvements de notre vie.

» Que le Seigneur, dans sa bonté, bénisse cette pierre que votre main va consolider dans les entrailles de la terre! qu'il consolide de même votre puissance, qui a procuré à notre belle patrie la douce tranquillité dont elle jouit ! qu'il bénisse surtout la santé de Votre Majesté, qui nous est si chère à tous, et que la vertu de nos eaux, comblant nos plus ardents désirs, la raffermisse à toujours, pour la sécurité et le bonheur de la France !

» Pour nous, Sire, nous ne monterons jamais au saint autel sans y porter avec nous le souvenir béni de Votre Majesté, ainsi que les vœux d'un cœur profondément dévoué. »

A ce touchant discours, l'Empereur répondit par les paroles suivantes :

« Je suis heureux de satisfaire à votre désir de me voir poser la première pierre du nouvel établissement de bains qui doit contribuer, j'en suis convaincu, à la prospérité de Plombières. Ce lieu m'intéresse non-seulement parce que tant de personnes y ont recouvré la santé, mais surtout parce qu'il est le centre d'une population qui m'a donné des preuves touchantes de sympathie, et qui a toujours été animée d'un vrai patriotisme. Je souhaite que tous ceux qui, comme moi, viennent se reposer de leurs travaux, y trouvent de nouvelles forces pour l'accomplissement de leurs devoirs et le service de la patrie. Ce m'est un véritable regret de ne pouvoir, pendant mon séjour, poser encore la première pierre d'un autre monument plus important, celle de la nouvelle église ; car, lorsqu'on a éprouvé du soulagement à ses maux, il est juste, pour toute âme chrétienne, de témoigner d'abord sa gratitude à la Providence. En effet, si ce qui est mal vient des hommes, tout ce qui èst bien vient de Dieu. »

Ces belles paroles de l'Empereur furent accueillies par les acclamations enthousiastes de tous les nombreux spectateurs présents à l'inauguration des nouveaux thermes.

Le clergé et la population de Plombières manifestaient depuis longtemps le désir de voir remplacer l'ancienne église, qui était noire, étroite, basse et humide, par un monument qui fût vraiment digne de l'accroissement de la population et de la nouvelle importance de cette ville. L'Empereur, ayant exprimé le même désir dans la belle réponse que nous venons de reproduire, vint en aide aux ressources insuffisantes de la paroisse, en contribuant pour la presque totalité aux dépenses nécessaires à l'édification d'un nouveau temple; par ses soins, et grâce à sa munificence, une vaste et belle église gothique, construite dans le genre de Sainte-Clotilde, de Paris, s'élève maintenant près de la place Napoléon, où elle formera, après son achèvement, un des plus beaux monuments religieux de toute la contrée.

En attendant le complet achèvement de cet édifice, les cérémonies religieuses se célèbrent dans une salle de l'hospice, momentanément transformée en chapelle.

Mais pendant le séjour de l'Empereur, comme cette chapelle était beaucoup trop petite pour contenir la foule des fidèles, la saison de 1858 a offert deux fois le grandiose et magnifique spectacle d'une messe, célébrée en plein air, au milieu de la Promenade-des-Dames, avec accompagnement de l'excellente musique du 63e de ligne. L'Empereur et l'élite des baigneurs y assistaient, placés dans l'allée principale ; le détachement du 63e de ligne, en garnison à Plombières, formait la haie, et une foule immense se tenait, silencieuse et recueillie, sur les allées latérales de la promenade et sur toutes les hauteurs environnantes ; ce qui formait le coup d'œil le plus pittoresque que l'on pût voir.

Nous terminerons ce chapitre en disant que, grâce à la prédilection que l'Empereur paraît éprouver pour Plombières, cette ville pourra, dans un avenir prochain, dignement rivaliser avec les plus célèbres établissements de l'Allemagne et des Pyrénées. Désormais, non-seulement les malades, mais encore tous les riches oisifs auxquels le bon ton ordonne impérieusement de quitter Paris pendant l'été, viendront passer tout le temps de la belle saison à Plombières, où ils trouveront, plus que partout ailleurs, avec tous les agréments que procure la civilisation, les paysages les plus enchanteurs et les sites les plus variés et les plus pittoresques.

—

X

Les Bains.

Plombières est une des villes les plus riches en sources minérales ; il y en a de trois espèces, savoir : de nombreuses sources chaudes, une source d'eau ferrugineuse et deux sources d'eau savonneuse. Toutes ces eaux s'administrent en bains, en boissons, en douches et en étuves. Leurs propriétés thérapeutiques sont nombreuses ; nous citerons, entre autres maladies traitées avec succès par les eaux de Plombières, celles dont les noms suivent : *gastrites, gastralgies, dyspepsies* (1), *maladies des intestins, goutte, rhumathismes, maladies de peau, maladies laiteuses, maladies de tête, maladies nerveuses, maladies des reins, hépatites* (2), *hypo-*

(1) Digestions laborieuses.
(2) Maladies de foie.

condries, paralysies, apoplexies, hydropisies, engorgements des viscères, maladies de poitrine, maladies des voies urinaires, maladies des organes génitaux, stérilité, chlorose (1), etc., etc.

Telles sont à peu près les principales maladies pour le traitement desquelles les médecins envoient leurs malades aux eaux de Plombières. Mais il est bon d'ajouter que si par elles-mêmes ces eaux ont un grand nombre de propriétés bienfaisantes, leur action est, en outre, efficacement secondée par les charmes de la société élégante au milieu de laquelle on se trouve, et surtout par les ravissants paysages que l'on aperçoit aux environs de Plombières, et dont l'aspect est si propre à chasser l'ennui et à faire oublier les soucis et les amertumes de la vie.

Il y a cinq bains à Plombières, sans compter les nouveaux thermes actuellement en voie d'exécution, et dont nous avons déjà parlé.

Ces bains sont :

1° Le *Bain-Romain*, situé dans la Grande-Rue, près de la *Maison-des-Arcades*. Ce bain, qui occupe l'emplacement d'un bain antique, de construction romaine, a été reconstruit à neuf il y a une vingtaine d'années, et c'est aujourd'hui le plus beau des établissements thermaux de Plombières ;

(1) Maladie des pâles couleurs.

2° Le *Bain-des-Dames*, situé sur la rive gauche de l'Eaugronne, près de la *Maison-des-Dames*, et qui appartenait autrefois, comme cette dernière maison, au chapitre des *Dames de Remiremont*;

3° Le *Bain-Tempéré*;

4° Et le *Bain-des-Capucins*, qui communiquent ensemble au moyen d'un petit passage voûté. Ce dernier bain portait autrefois les noms de *Bain-des-Pauvres* ou de *Bain-des-Goutteux*, parce que la source qui l'alimente offre un remède efficace contre toutes les affections rhumatismales. Cette source a encore une autre propriété bien précieuse pour le beau sexe, qui y trouve de son côté un remède souverain à la stérilité;

5° Enfin, le *Bain-Impérial*, situé en face des deux bains précédents. Ce bain, commencé sous l'Empire et achevé sous la Restauration, a porté successivement les noms de *Bain-Neuf*, de *Bain-Royal*, de *Bain-National*, et enfin celui de *Bain-Impérial*. Il a néanmoins plus de droit à ce dernier titre, ayant été commencé sous le règne de Napoléon Ier. Ce fut même, croyons-nous, l'Impératrice Joséphine qui en posa la première pierre.

Dans les deux premiers bains, l'on ne se baigne que dans des cabinets; cependant, au rez-de-chaussée du Bain-des Dames il existe deux piscines, mais qui sont exclusivement réservées aux malades de l'hospice. Pour les autres bains, on peut se baigner dans les piscines, où, partout, le côté des hommes se trouve chastement séparé du côté des dames. Il n'est pas besoin de dire que c'est dans les piscines qu'un baigneur quelque peu observateur peut le mieux s'égayer au moyen des mille petites scènes de la vie des eaux.

Les eaux thermales que l'on prend en boissons sont celles du Bain-des-Dames et de la Fontaine-du-Crucifix, dont nous avons parlé au chapitre VI ; mais l'eau que l'on boit de préférence, et qui est la plus facile à digérer, est celle de la Source-des-Dames.

Les thermes de Plombières étaient la propriété de l'Etat, qui les a concédés pour quatre-vingts ans, par une loi en date du 6 juin 1857, à une société anonyme portant la dénomination de *Compagnie pour l'exploitation des sources et établissements thermaux de Plombières*. D'après les clauses du cahier des charges, annexé à la loi de concession, cette Compagnie est tenue de faire exécuter, dans un délai de cinq ans, de nouveaux thermes très vastes; en outre de ceux qui existent actuellement, ainsi que de nouveaux hôtels destinés au logement des étrangers, en sorte que ces derniers n'auront plus absolument rien à désirer sous ces deux rapports.

C'est pour satisfaire aux conditions du cahier des charges que la Compagnie s'occupe activement, avec la géhéreuse assistance [de l'Empereur, de la construction des nouveaux thermes et des nouveaux hôtels dont nous avons parlé dans le chapitre précédent, construction qui, comme nous l'avons dit, s'avance rapidement et pourra être terminée dans un très court délai.

Nous ne pouvons nous dispenser ici de payer un juste tribut d'éloges aux intelligents efforts de M. de Pruines, président du conseil d'administration, et de M. Danis, directeur de la Compagnie, qui ne négligent rien pour rendre les thermes de Plombières dignes en tous points du magnifique avenir que leur garantit la haute protection de l'Empereur.

Aussi Plombières, qui devient de plus en plus le lieu de réunion des baigneurs élégants, a-t-il pris, depuis ces dernières années, une face toute nouvelle. Avant l'arrivée de l'Empereur, Plombières, quoique portant le titre de ville, n'était, en réalité, qu'un bourg. Stanislas et l'Impératrice Joséphine avaient agrandi et embelli ce bourg; l'Empereur Napoléon III, complétant leur œuvre bienfaisante, en fait maintenant une véritable ville qui, sous ses auspices, ne peut manquer d'être brillante et prospère.

XI

Les Baigneurs.

C'est ainsi qu'on désigne à Plombières, les
personnes qui font usage des eaux ; autrefois,
on se servait du mot de *baignants*, qui est même
encore usité aujourd'hui dans la classe popu-
laire. Une fois que le baigneur nouvellement arrivé est installé dans son logement, il doit se
faire délivrer par l'inspecteur des eaux l'autorisation nécessaire pour prendre les bains. Cette
autorisation, qui ne se refuse jamais, une fois ob-
tenue, si le nouvel arrivant veut se baigner dans
une piscine, il doit prendre préalablement un
bain de propreté dans une baignoire particulière.
L'entrée des piscines est formellement interdite
à toute personne ayant des exutoires ou des
plaies. La *saison*, c'est-à-dire la durée du traitement de chaque malade par les eaux de Plombières, a toujours été fixée, depuis un temps

immémorial, à vingt et un jours ; mais on peut recommencer une seconde et même une troisième saison. Nous pensons même que beaucoup de malades agiraient sagement en faisant plusieurs saisons, et en ayant soin de laisser entre chaque saison un intervalle de quelques jours, afin de se reposer de la fatigue causée par l'action des eaux.

Nous croyons utile de prévenir ici les baigneurs que, lorsqu'ils ont pris un logement ailleurs qu'aux hôtels où s'arrêtent les voitures, l'usage local ne leur permet pas d'en déloger avant la fin de leur saison, s'ils n'en font qu'une, ou de la première saison, s'ils en font plusieurs.

La saison des eaux commence à Plombières au milieu du mois de mai, et finit au 30 septembre. Cependant, les personnes atteintes d'affections nerveuses et d'hypocondries feraient peut-être bien de venir aux eaux, soit dans le courant d'avril ou dans le commencement de mai, soit au mois de septembre ou d'octobre, et même, quand il ne fait pas trop froid, au commencement de novembre. Nous devons dire que le printemps et l'automne sont généralement très beaux à Plombières. Un autre avantage encore pour les baigneurs qui recherchent le calme avant tout, c'est qu'ils ont beaucoup plus de tranquillité à ces deux époques du printemps et de l'automne qu'au milieu de la saison.

Quant au traitement de la plupart des autres maladies par les eaux de Plombières, l'époque la plus favorable est celle des mois de juin, de juillet et d'août : aussi, ces trois mois sont-ils les plus brillants de la saison.

Tout malade qui fait usage des eaux doit, avant tout, s'il tient à obtenir une prompte guérison, chasser de son esprit toute espèce de préoccupations fâcheuses, et ne songer à rien autre chose qu'à se distraire : qu'il n'oublie pas que *la gaîté, c'est déjà la santé !*

Sous ce rapport, nulle localité ne convient mieux que Plombières aux baigneurs, qui y trouvent une foule d'amusements et de distractions; ils ont d'abord le *salon des bains*, où l'on peut jouer, lire les journaux, faire de la musique, prendre sa demi-tasse de café, fumer d'excellents *panatellas ;* une troupe de comédiens y vient plusieurs fois par semaine donner des représentations théâtrales; enfin, le jeudi et le dimanche, il y a des bals magnifiques, où resplendissent les plus brillantes toilettes.

Puis ce sont les promenades à pied, à âne ou en voiture; de quelque côté que se dirige le promeneur, il trouve partout des promenades charmantes et bien ombragées.

Mais c'est l'âne surtout qui est le principal héros de toutes les parties champêtres; ce précieux quadrupède est la base de toutes les promenades, il est la cause de maints facétieux quolibets, et quelquefois — surtout pour les dames — de maintes comiques mésaventures. Mais ici il faudrait la plume délicate de Sterne ; la nôtre est trop novice encore pour pouvoir se tirer habilement d'une situation périlleuse ; contentons-nous donc seulement de dire qu'à Plombières, pas de bonne partie de plaisir sans âne. Aussi, pendant la belle saison, tous les ânes du pays sont-ils continuellement en course ; quelquefois même il est très difficile de s'en procurer. On raconte à ce sujet qu'un jour, tous les ânes étant loués, une dame, désolée de ne pouvoir en trouver, s'écria avec désespoir : *Il n'y a donc plus d'ânes dans ce pays?* Mais un mauvais plaisant, qui passait dans ce moment, lui répondit : *Pardon, madame, on n'y voit que cela.*

Un des principaux agréments que l'étranger trouve encore à Plombières, c'est la facilité des relations qui s'établissent si promptement dans les villes thermales entre personnes de différents pays et de diverses conditions ; ce sont les gais propos et les plaisanteries de la table d'hôte ; ce sont les dîners sur l'herbe et les bals champêtres à la *Nouvelle-Feuillée*, pittoresque endroit que nous décrirons plus loin. Cette facilité de relations a souvent pour effet de faire conclure bon nombre de mariages, par suite d'heureuses rencontres faites aux eaux de Plombières.

L'amour vient en effet quelquefois vous y

décocher ses traits au moment où vous vous y attendez le moins, et les liaisons galantes s'établissent bien vite dans les villes thermales, où Vénus a parfois peut-être autant d'autels qu'Esculape.

Mais les aventures galantes qui arrivent assez fréquemment à Plombières se dénouent presque toujours par d'heureux mariages, où les époux ne se laissent guider que par les inspirations de leurs cœurs et la conformité de leurs goûts et de leurs caractères, sans se préoccuper aucunement des distinctions de rang ou de fortune. C'est ainsi que la beauté modeste et vertueuse a déjà bien souvent trouvé sa récompense aux eaux de Plombières.

Il est même arrivé plusieurs fois que des demoiselles — depuis longtemps majeures, et qui désespéraient déjà de pouvoir jamais se marier — ont rencontré d'excellents partis dans cette ville, qui mériterait certes bien d'être consacrée à Junon (1), si les dieux mythologiques formaient encore la base des croyances populaires.

Cette vertu de produire des mariages, et principalement de procurer des maris aux filles même sur le retour, n'ayant pas encore été jusqu'à présent comprise par les médecins dans

(1) Junon était la déesse qui présidait aux mariages et aux accouchements.

la nomenclature des maladies traitées par les eaux de Plombières, nous nous empressons de combler cette lacune et de signaler cette bienheureuse propriété des eaux à toutes les demoiselles qui ne se soucient pas de coiffer sainte Catherine.

Il y a cependant une restriction à faire : cette propriété n'existe — à ce qu'il paraît — que pour les demoiselles étrangères à Plombières; et les eaux cessent de produire leurs effets matrimoniaux à l'égard des demoiselles indigènes, car on ne voit peut-être en aucun endroit, toutes proportions gardées, autant de vieilles filles qu'à Plombières. Mais il en est des eaux chaudes comme des hommes; on peut aussi leur appliquer ce proverbe : *Nul n'est prophète en son pays.*

XII

Le régime des baigneurs.

Nous croyons être utile aux baigneurs en leur donnant ici quelques conseils sur le régime qu'ils doivent suivre à Plombières.

Ils feront bien d'abord de prendre leurs bains aussi matin que possible, afin de pouvoir se reposer avant le déjeuner. En sortant du bain, comme les matinées sont quelquefois fraîches, il est nécessaire qu'ils prennent les plus grandes précautions pour se garantir de la fraîcheur de l'air; ils doivent aussi soigneusement éviter de dormir après le bain.

A Plombières les étrangers déjeunent à dix heures du matin, et dînent à cinq heures du soir, comme nous l'avons dit dans notre chapitre III. On y mange généralement trop, et la cuisine y est réellement trop bonne; mais n'ayant pas l'honneur d'appartenir à la docte

Faculté, nous nous garderons bien d'attaquer de front le plaisir réel que l'homme trouve à table, surtout lorsqu'il est au milieu d'une agréable société, plaisir que beaucoup de gastronomes préfèrent même aux plus hautes jouissances des sens.

Nous recommanderons seulement aux baigneurs de rechercher de préférence des aliments simples et d'une digestion facile ; du reste, chaque estomac a ses instincts particuliers, ses goûts et ses répulsions, et c'est sous ce rapport surtout que chacun doit être son propre médecin.

Au surplus, la Faculté a beau tonner contre les excès de table, nous croyons que le proverbe latin aura toujours sa raison d'être : *Plures gula quàm gladius. — La gueule* (1) *a tué plus de monde que le glaive.*

Mais heureusement l'exercice est là pour contre-balancer les fâcheux effets de l'intempérance. L'exercice entretient dans les humeurs une fermentation salutaire et facilite la circulation du sang ; il sert à rejeter du corps toutes les superfluités, et peut dissiper ainsi toute indisposition naissante.

Si, avec la pratique habituelle de l'exercice,

(1) Nous n'employons ici cette expression quelque peu basse, il est vrai, mais énergique, qu'après l'avoir lue dans plusieurs de nos bons écrivains.

les hommes observaient scrupuleusement les lois de la tempérance, ils auraient alors bien peu besoin de médecins et de remèdes.

Mais comme il n'en est pas ainsi — fort heureusement pour les médecins et les pharmaciens — nous conseillons aux baigneurs gastronomes de corriger les inconvénients de la table par l'exercice, et surtout par les promenades à pied. Une fatigue modérée ne pourra leur être que salutaire; du reste, cette fatigue sera largement compensée par le plaisir qu'ils éprouveront en contemplant les ravissants entourages de Plombières, plaisir qui ne contribuera pas peu à l'entier rétablissement de leur santé.

Les vêtements des baigneurs doivent être — à cause des brusques variations de la température — à la fois chauds et légers; les malades surtout sont tenus de se prémunir, le soir aussi bien que le matin, contre la fraîcheur de l'air, et de se coucher de bonne heure, afin de prendre un repos suffisant et de pouvoir se lever matin, après avoir réparé, au moyen d'un bon sommeil, leurs forces affaiblies par l'action des eaux et par l'exercice.

Pour les eaux chaudes prises en boisson, l'usage est d'en boire généralement plusieurs verres le matin à jeun; quelques malades en boivent encore entre le déjeuner et le dîner; mais alors ils doivent attendre que la digestion du déjeuner soit complétement effectuée. Quant à la quantité d'eau à boire, les malades doivent là-dessus consulter leurs médecins, qui seuls peuvent la déterminer selon les tempéraments et la nature des maladies de leurs clients.

Plus l'eau est chaude, mieux elle se digère. L'un de ses principaux effets est d'exciter vivement l'appétit; les buveurs d'absinthe agiraient donc sagement en remplaçant cette funeste liqueur par les eaux chaudes de Plombières.

L'eau ferrugineuse et l'eau savonneuse se prennent ordinairement dans les repas, où on les mélange avec du vin. L'eau ferrugineuse peut aussi se boire entre les repas, et beaucoup de baigneurs se trouvent même fort bien de cette habitude.

Une dernière recommandation que nous croyons encore utile de faire aux baigneurs, c'est de ne pas trop multiplier le nombre des exercices thermaux, surtout dans les commencements de leur séjour à Plombières, car une trop grande précipitation ne pourrait que tourner au détriment des malades; ceux-ci doivent donc bien se garder d'imiter l'exemple de quelques personnes qui, s'imaginant obtenir par ce moyen une plus prompte guérison, s'empressent, immédiatement après leur arrivée aux eaux, de prendre bains sur bains, douches sur douches, étuves sur étuves, tout en avalant là-dessus force verres d'eau chaude.

Cela nous rappelle un riche Anglais, atteint

d'une gastrite, que son médecin avait envoyé à Plombières, en lui ordonnant d'y prendre ses vingt et un bains, de la durée d'une heure chacun. L'Anglais, pour en finir au plus vite avec son traitement, resta vingt et une heures de suite dans le bain, et s'en retourna aussitôt après, intimement convaincu qu'il avait accompli en conscience toutes les prescriptions de la médecine.

Mais s'étant aperçu que sa gastrite n'était nullement guérie, il s'en prit à son médecin, auquel il administra une volée de coups de poing, par suite d'une fantaisie tout anglaise, fantaisie qui lui valut une forte amende et quelques mois de prison.

XIII

Les environs de Plombières.

Les promenades les plus proches de Plombières et les plus fréquentées sont, en outre du Parc-Impérial et de la Fontaine Stanislas que nous avons déjà décrits, celles de *Notre-Dame de Plombières*, de *Bellevue*, du *Moulin-Joli*, de la *Fontaine-du-Renard* et de la vallée de la *Sémouse*, qui feront l'objet de ce chapitre. A l'exception de la vallée de la Sémouse, on peut facilement parcourir à pied toutes ces pittoresques promenades, dont nous allons donner une description succincte.

C'est, en premier lieu, *Notre-Dame de Plombières* qui protége et domine toute la vallée. Pour y arriver, on suit d'abord le faubourg d'Épinal, que l'on quitte bientôt après pour prendre à droite un sentier un peu escarpé, que l'on appelle *Chemin-de-la-Vierge*. Au-dessus de ce sentier, on aperçoit une belle statue en fonte consacrée à Notre-Dame de Plombières, et sur le piédestal de laquelle on lit ces mots latins : *Custodem me posuerunt ;* ce qui signifie : *J'ai été posée ici pour protéger cette ville.*

Cette statue se trouve au milieu d'un joli jardin en terrasses, orné d'un petit kiosque rustique et d'une chapelle dédiée à saint Joseph. C'est à la fois une charmante promenade et un lieu de pèlerinage très fréquenté.

En continuant la montée, on arrive à la promenade de *Bellevue*, qu'ombrage un petit bois de bouleaux et de sapins; elle est ainsi appelée parce que de là le promeneur aperçoit au-dessous de lui Plombières, ses rues et ses maisons pittoresquement groupées en amphithéâtre, ses routes, ses jardins et ses verdoyants coteaux.

Le *Moulin-Joli*, qui, comme nous l'avons dit au chapitre VIII, était autrefois la promenade favorite de l'Impératrice Joséphine, n'a par lui-même absolument rien de remarquable; mais le site en est pittoresque, et le chemin qui y conduit plus pittoresque encore. D'un côté, il est bordé par le petit ruisseau de Saint-Antoine, de l'autre par des montagnes boisées qui, en plusieurs endroits, s'avancent sur le chemin en forme de promontoires aigus, et lui donnent ainsi un agréable ombrage.

A droite de ce chemin accidenté on remarque deux scieries mécaniques, avec maisons d'habitation rustiques et charmantes. A gauche et dans un petit renfoncement se trouve une fontaine dédiée à madame Guizot, que quelques dévastateurs avaient stupidement détruite en 1848, mais que l'on a rétablie depuis dans son état primitif.

La *Fontaine-du-Renard* se trouve à environ vingt minutes de marche de Plombières — ou plutôt à une demi-heure, pour peu que le promeneur aille lentement — à gauche de la route de Remiremont et sur le flanc de la montagne qui domine cette route. Près de là on aperçoit un charmant petit bâtiment, construit en forme de chalet, où le promeneur peut trouver des rafraîchissements consistant en lait, en bière ou en kirsch.

La vallée de la *Sémouse* est beaucoup plus éloignée de Plombières que les promenades que nous venons de décrire ; aussi n'y va-t-on guère qu'en voiture ; on y parvient soit par la route d'Épinal, soit par la route de Saint-Loup ; on peut prendre indifféremment l'une de ces deux routes, et l'on revient alors par l'autre, après avoir fait ainsi le tour de la vallée.

Cette belle et industrieuse vallée renferme un grand nombre de forges importantes, dont les plus considérables sont celles de *Sémouse*, appartenant à M. Hildebrand et à M. de Pruines, son gendre, et celles de la *Chaude-Eau*, appartenant à **M.** de Buyer et à **M.** Demandre. Ces bienfaisants manufacturiers, dont l'inépuisable charité envers les ouvriers et les indigents les fait chérir de toute la contrée, sont, en outre, remplis de politesse et de courtoisie à l'égard des étrangers qui demandent à visiter leurs établissements.

Cette magnifique vallée réunit donc aux yeux du touriste les avantages de l'industrie et tous les charmes de la nature la plus agreste et la plus accidentée.

XIV

Les deux Feuillées. — Le val d'Ajol. — La famille des Fleuriot. — Hérival. — Remiremont. — Gérardmer.

Ces promenades sont, aussi bien que celles que nous venons de décrire, visitées avec empressement par tous les étrangers qui se rendent aux eaux de Plombières. Les trois premières, ainsi que celle d'*Hérival*, peuvent se faire à pied ou à âne ; cependant il faut être bon marcheur pour pouvoir aller à pied à Hérival ; aussi n'y va-t-on guère qu'à âne ou qu'en voiture. La promenade de *Remiremont* ne se fait non plus qu'en voiture ; pour *Gérardmer*, c'est plus qu'une promenade, c'est un véritable voyage.

Les deux Feuillées se nomment, l'une l'*Ancienne-Feuillée* ou *Feuillée-Dorothée*, l'autre, la *Nouvelle-Feuillée*.

La Feuillée-Dorothée tire son nom d'une vieille fille nommée Dorothée Vançon, qui en est propriétaire, et que tous les baigneurs vont voir comme une vivante curiosité : elle joue de l'épinette et fait même des vers — mais dans lesquels il ne faut pas s'attendre à voir beaucoup briller le rhythme ni la raison — ce qui ne l'empêche pas d'avoir une réputation colossale dans le monde des baigneurs de Plombières. Elle a des albums très curieux, qu'elle présente aux visiteurs, qui y inscrivent leurs improvisations en vers ou en prose. La réputation de Dorothée remonte à 1826, époque où elle ressemblait, dit-on, à une bergère de Florian ; mais, hélas ! tout passe vite dans ce monde, surtout les bergères ; et il serait aujourd'hui bien difficile de distinguer chez Dorothée quelques traces de cette ressemblance.

Pour se rendre à la Feuillée-Dorothée, on monte un petit sentier, à gauche et à l'extrémité du faubourg de Luxeuil, près de la caserne de la gendarmerie, et l'on passe ensuite près d'une ferme blanche et coquette, appelée la *Ferme-Jacquot*. La montée est d'abord un peu escarpée ; mais cet inconvénient se trouve largement compensé par les frais ombrages qui protégent ce chemin contre les ardeurs du soleil.

On peut aussi se rendre à cette Feuillée en suivant d'abord la route de Luxeuil pendant une bonne demi-heure, puis en prenant à gauche la route du Val-d'Ajol, que l'on quitte bientôt après, pour suivre un chemin également à gauche de cette dernière route , et qui conduit alors tout droit à la Feuillée-Dorothée.

Si on veut aller à la Nouvelle-Feuillée, on n'a alors qu'à continuer de suivre la route du Val-d'Ajol, et l'on y est bientôt parvenu. C'est là que les baigneurs vont quelquefois faire des dîners champêtres ; ils trouvent dans cet endroit charmant une petite maisonnette, des fauteuils rustiques et des arbres touffus ; une plate-forme circulaire peut en outre leur servir au besoin de salle de danse.

De l'une et de l'autre de ces deux Feuillées, on découvre également l'aspect le plus magnifique et le plus pittoresque ; c'est d'abord à vos pieds le village à la fois coquet et industrieux du Val-d'Ajol, avec ses manufactures , ses riantes prairies, ses campagnes florissantes et sa rivière argentée; puis ce sont les montagnes accidentées qui entourent cette belle vallée, et en font le plus charmant et le plus imposant panorama que l'on puisse voir.

Ces montagnes dérobent à vos yeux les retraites sauvages où campèrent longtemps Arioviste et ses Germains. Au-delà des hauteurs de *la Racine*, d'*Outremont* et de *la Chaume*, que vous apercevez en face de vous, ce guerrier barbare écrasa l'armée des Éduens , dans une sanglante bataille qui le rendit maître de la plus grande partie de la Gaule orientale. Plus tard et non loin de là, le même Arioviste fut à son tour vaincu par la science militaire de César et par la discipline romaine. Les géants du Nord, malgré leur haute taille et leur courage, furent anéantis par les petits hommes du Midi, et Arioviste, ayant perdu dans une seule bataille son armée, ses femmes et ses filles, alla mourir de désespoir au fond de la Germanie.

Comme on le voit, cette magnifique vallée, outre qu'elle offre à vos regards le plus ravissant paysage, rappelle encore à votre esprit les grandes figures historiques de César et d'Arioviste, et cette lutte gigantesque entre les Romains et les barbares, dont le résultat devait décider de l'empire du monde.

Le Val-d'Ajol est la patrie d'une famille célèbre dans toute la contrée par son aptitude héréditaire pour l'art de guérir les fractures et les luxations. Les *Fleurot* ou *Fleuriot* (1), tel est le nom de cette famille, étaient des paysans aussi simples dans leur manière de vivre qu'habiles dans leur art, qu'ils se transmettaient par tradition de père en fils. Autrefois, on les appelait aussi dans la Lorraine les *Val-d'Ajol* ou les *Val-d'Ajou*. Leur réputation est très ancienne, puisque déjà du temps de Léopold, duc de Lorraine, les Fleuriot s'étaient distingués depuis plusieurs générations autant par leurs connaissances en

____

(1) L'usage actuel est de prononcer et d'écrire les *Fleurot*.

ostéologie et leur habileté pour remettre les membres cassés, que par leur charité envers les pauvres et leur désintéressement proverbial. Vivant simplement, ne mangeant que du pain de seigle et du lard, ne buvant que de l'eau, ils n'allaient jamais ni à cheval ni en voiture, quoique presque toujours en course ; ils pansaient gratuitement les pauvres, et après avoir remis leurs membres, ils leur donnaient encore souvent de l'argent pour s'en retourner chez eux. Ils consentaient à recevoir un salaire des gens riches, mais un salaire très modéré, qui ne dépassait jamais dix ou douze francs. En un mot, cette famille toute patriarcale n'avait d'autre but, dans l'exercice de son art, que le soulagement des souffrances de l'humanité.

Aussi Léopold, frappé de tant de vertus unies à une si grande simplicité de mœurs, voulut-il anoblir les Fleuriot ; mais les chefs de la famille refusèrent unanimement cette faveur, en faisant cette belle réponse : « Nos enfants, dirent-ils, ne penseraient peut-être pas comme nous ; enivrés de leur noblesse, ils se dispenseraient de servir les pauvres, ils dédaigneraient de cultiver nos héritages ; dès lors, la bénédiction de Dieu ne se répandrait plus sur leurs travaux ; ils se désuniraient, ils cesseraient d'être heureux... Nous refusons. »

En lisant ces belles paroles, ne se croirait-on

pas transporté à ces temps primitifs où la vertu régnait seule sur la terre ?

Le Val-d'Ajol est une commune très étendue, divisée en quinze sections et pouvant bien avoir huit ou neuf lieues de tour ; mais, à l'exception du village (1) et de quelques hameaux, toutes les habitations sont dispersées çà et là dans la vallée, sur les flancs et jusqu'au sommet des montagnes.

Le village du Val-d'Ajol est un des plus propres et des mieux bâtis de France; les maisons y sont généralement belles, et quelques-unes même sont d'une construction fort élégante. Il y a une hôtellerie assez confortable, celle du *Cygne*, quoiqu'elle ait l'inconvénient ordinaire aux auberges de village, c'est-à-dire que la salle à manger y sert en même temps de salle de café et de tabagie ; en sorte que, lorsque vous y dînez, il arrive souvent que des fumeurs viennent s'installer près de vous, en vous lançant à la figure d'épais nuages de fumée et en mêlant à l'odeur de vos mets celle assez désagréable du tabac et des boissons. Mais cet inconvénient est largement compensé par le plaisir d'être servi par la jeune et jolie fille de l'hôtelier, dont l'abondante chevelure noire et les traits distingués

_____

(1) Le véritable nom du village, centre de la commune, est *Laître*. On ne se sert, dans le pays, de la dénomination de Val-d'Ajol que lorsqu'on veut désigner l'ensemble de la vallée ou de la commune.

peuvent lutter sans désavantage avec ceux des plus belles femmes du Midi.

La rivière qui traverse le Val-d'Ajol-, et que l'on nomme la Combeauté, met en mouvement un grand nombre de tissages mécaniques et de filatures de coton ; elle sert également à faire marcher les scieries, où se façonnent les bois qui forment une des plus grandes industries du pays.

Les habitants des montagnes situées en face des deux Feuillées, ayant peu de communications avec l'extérieur, et ne descendant au village que les dimanches et les jours de foire, sont encore des hommes primitifs, dans toute l'acception du terme ; leur langage est rude et les sons gutturaux y dominent ; mais s'ils ignorent les raffinements de la civilisation, en revanche ils en ignorent aussi les vices. Chez eux, l'esprit est simple et borné, mais le cœur est bon ; aussi faut-il voir avec quel plaisir ils exercent l'hospitalité envers l'étranger égaré dans leurs montagnes ! comme le chef de la famille s'empresse de tirer du fond de l'armoire la bouteille de vieux kirsch, tandis que les femmes, de leur côté, apportent à l'envi, sur la longue table de sapin, du lait, du beurre et du fromage, tout en découvrant la serviette de grosse toile écrue qui cache, sur un bout de la table, la miche de pain de seigle ! puis elles se hâtent de préparer d'excellentes crêpes, faites surtout avec de la farine de sarrasin, et connues dans le pays sous le nom de *beignets*. Enfin, quand vous les quittez, ces bonnes gens remplissent vos poches de fruits, de toute espèce, provenant de leurs vergers, sans que vous puissiez vous en défendre et les décider à accepter la plus légère rétribution.

Si l'on veut depuis le Val-d'Ajol aller à *Hérival*, on passe par le hameau industrieux de *Faymont*, près duquel se trouve une petite cascade, et ensuite par la *Vallée-des-Roches*, gorge sauvage bordée d'énormes rocs et de hautes forêts de sapins ; un peu plus loin, on aperçoit la *Scierie-du-Breuil*, perdue au milieu des bois sombres qui l'entourent, et l'on arrive enfin à Hérival, où l'on voit quelques vestiges d'un antique monastère, fondé vers le milieu du xie siècle, par un moine nommé Engibald, dans ce lieu alors tout à fait inculte et désert que l'on appela, probablement pour cette cause, d'abord *Apreval* et ensuite *Hérival*.

Près de la Scierie-du-Breuil l'Empereur a fait ouvrir tout récemment, au milieu des forêts de sapins, une délicieuse promenade conduisant à la pittoresque cascade du *Géhard*, dont les abords étaient auparavant presque impraticables. Maintenant, le touriste peut facilement y parvenir au moyen du beau chemin que l'on doit aux soins de Napoléon III, et que la reconnaissance du pays a fait désigner sous le nom de *Promenade de l'Empereur*.

Le monastère d'Hérival fut détruit lors de la

révolution de 1789. La règle de ce monastère était, dans le principe, très rigoureuse ; c'était un mélange des règles de saint Benoît, de saint Augustin et de saint Colomban, apôtre irlandais qui vint évangéliser la Bourgogne et les Vosges à la fin du vi[e] siècle. Les religieux devaient notamment marcher pieds nus depuis le mois d'avril jusqu'au mois de novembre ; ils étaient astreints à un silence perpétuel, et devaient se coucher tout habillés ; il leur était en outre défendu de rien posséder en propre. Le costume des moines d'Hérival se composait uniquement d'une soutane blanche avec rochet de lin blanc tombant de l'épaule droite au côté gauche, ce qui leur fit donner le nom de *Moines blancs*. Un chapeau et une ceinture complétaient ce costume, avec une espèce de manteau noir qu'ils mettaient pour travailler pendant l'hiver.

Mais plus tard l'ancienne discipline se relâcha singulièrement, et le monastère d'Hérival devint même un des plus riches de toute la contrée par suite de divers dons qui lui furent faits successivement. C'est ainsi qu'il possédait, avant sa destruction, des propriétés, des vignes et des redevances de toute nature, soit dans les Vosges, soit dans la Franche-Comté. Plusieurs maisons de Plombières appartenaient au prieuré, et le curé de cette ville était même astreint, ainsi que celui du Val-d'Ajol, à fournir aux moines certaines redevances en nature.

Toutes ces redevances en nature consistaient principalement en volaille, en gibier, en poisson, et généralement en comestibles de toute espèce ; mais il arrivait quelquefois aux moines de rencontrer des débiteurs récalcitrants : ainsi, dans un compte de recettes dressé par le trésorier de la communauté vers le milieu du XVIIIe siècle, et qui est tombé par hasard sous nos yeux il y a quelques années, nous nous souvenons d'avoir vu en annotation qu'un seigneur de la Franche-Comté se refusait depuis longues années au service des redevances dont il était tenu envers le monastère. Le trésorier ajoutait, que comme ce seigneur était très redouté dans tout le pays à cause de ses violences et de son caractère emporté, il n'avait pu, pour ce motif, exercer aucunes poursuites contre lui, et s'était vu dans la nécessité de ne faire figurer cet article dans son compte que pour mémoire.

Le prieuré d'Hérival était surtout abondamment fourni de chapons, par suite de cens dus par un grand nombre d'habitants du Val-d'Ajol, de Saint-Loup, de Corbenay et d'autres endroits, dont les propriétés immobilières étaient affectées en tout ou en partie à la garantie du service exact de ces cens. Ainsi, par exemple, un contrat du 6 septembre 1691 frappait d'hypothèque tous les biens d'un sieur Joseph Jacquot, pour sûreté d'un cens annuel de deux chapons. Aussi, lors de l'inventaire fait en 1790 de tous les papiers du prieuré, trouva-t-on à Hérival un nombre considérable de titres de toute espèce. Et cependant beaucoup de papiers avaient déjà été précédemment détruits, lors d'une invasion à main armée faite dans le monastère, le 23 juillet 1789, par les habitants du village de Bouligny (1), venus tout exprès avec l'intention d'anéantir les titres que possédait contre eux le prieuré d'Hérival.

Une autre excursion encore pour le touriste, c'est celle de Remiremont, charmante petite ville située à environ treize ou quatorze kilomètres de Plombières, et dont on admire avec raison les larges rues et les magnifiques trottoirs en asphalte. On y voit en outre l'antique abbaye où siégeait autrefois le chapitre des Dames de Remiremont, dont nous avons parlé dans le cours de cet ouvrage, et dont la fondation remontait au xe siècle. Cette abbaye est actuellement occupée par l'hôtel de ville, par une école municipale, par le tribunal de première instance et la justice de paix de Remiremont. On n'y recevait que des religieuses appartenant aux plus illustres maisons de Lorraine, de France et d'Allemagne, et les postulantes, pour obtenir leur admission, étaient tenues de fournir des preuves de noblesse remontant au moins à quatre ou cinq siècles, et

(1) Bouligny ou Bouligney est un village situé près de Saint-Loup.

sans aucune mésalliance dans l'une ou l'autre ligne.

Les religieuses de Remiremont avaient un caractère très belliqueux : elles soutinrent à différentes reprises de nombreuses luttes contre les ducs de Lorraine, qui prétendaient à la souveraineté de la ville de Remiremont, et qui finirent par l'emporter sur l'opposition du chapitre. Ces religieuses osèrent même résister, au mois de juillet 1638, au grand Turenne, qui avait assiégé Remiremont, et qui fut repoussé avec une perte considérable, par suite de l'énergique résistance de l'abbesse, Catherine de Lorraine.

En outre de l'abbaye, Remiremont possède encore un collége et une prison cellulaire, qui méritent également toute l'attention des touristes.

Mais le plus charmant voyage à faire pour les baigneurs, qui doivent y consacrer au moins deux jours, c'est celui de Gérardmer, bourg situé à environ quarante kilomètres de Plombières.

Pour faire cette excursion, on traverse d'abord Remiremont ; un peu plus loin, vous apercevez, sur la gauche de votre route, le *Saint-Mont*, où vint s'établir, vers le vii* siècle, saint Romaric, chef austrasien converti par saint Amé, l'un des disciples de saint Colomban. Saint Romaric y fonda un monastère, près duquel s'éleva, dans la suite, la ville de Romarimont ou Remiremont, ainsi appelée en mémoire de ce saint.

Vous avez ensuite à voir la jolie chute d'eau désignée sous le nom de *Saut-de-la-Cuve*, près du petit village de Saint-Amé ; puis, après le bourg industrieux de Vagney et le village de Sapois, c'est la magnifique cascade dite le *Saut-du-Bouchot*, qui se trouve à proximité de la route, et qu'aucun touriste ne néglige d'aller admirer.

Viennent ensuite des montagnes abruptes, des rochers sauvages, au milieu desquels se trouve perdu le petit village de Rochesson, d'immenses forêts de sapins, et enfin le lac et le bourg de Gérardmer, qui s'offrent aux regards du voyageur émerveillé à la vue de tant de sites aussi variés que pittoresques.

Les habitants de Gérardmer sont très industrieux : leur toile est renommée, et leurs fromages s'expédient dans toute la France. Mais ils ne paraissent pas briller sous le rapport de la modestie, car on les entend répéter un peu trop souvent cet orgueilleux proverbe : *Sans Gérardmer et un peu Nancy, que serait-ce de la Lorraine ?*

A quelque distance de Gérardmer, l'on aperçoit encore une cascade qui dépasse toutes celles que l'on vient de voir : c'est celle du *Saut-des-Cuves*, où la petite rivière de la Vologne se précipite tout écumante à travers d'énormes rocs.

Vous trouvez ensuite les deux charmants petits lacs de *Longemer* et de *Retournemer ;* et plus loin, le col du *Schlucht*, traversé par la belle route qui conduit à la vallée de Munster, et que l'Empereur a fait établir tout récemment pour faciliter le voyage de ce magnifique pays, et créer de nouvelles communications entre les Vosges et l'Alsace.

La plus haute de toutes les montagnes de cette pittoresque contrée, c'est celle du *Honneck*, élevée de 1,366 mètres au-dessus du niveau de la mer, et du sommet de laquelle on voit se dérouler devant soi les riches plaines de la fertile Alsace, le fleuve majestueux du Rhin, le duché de Bade, la Forêt-Noire, et jusqu'aux cimes lointaines des Alpes.

Au sommet de la plupart des montagnes qui se trouvent aux environs de Gérardmer, les forêts disparaissent pour faire place aux pâturages connus dans le pays sous le nom de *chaumes*, et où se font, pendant la belle saison, les fromages de Gérardmer, appelés à Paris, par corruption, *fromages de Géromé.* Ce sont des fromagers, appelés *marquaires*, qui les font dans des chalets situés de distance en distance, au sommet et sur les flancs des montagnes, et qu'ils n'habitent que pendant l'été, en laissant paître en liberté leurs nombreux troupeaux au milieu des riches pâturages de ces montagnes.

Tels sont les buts ordinaires de promenade

pour les baigneurs ; il en existe encore bien d'autres, car nous n'avons nommé que les promenades les plus connues et les plus fréquentées ; mais il est presque impossible de les énumérer toutes, puisque, nous le répétons encore, tout, dans cette partie des Vosges, est promenade, et promenade charmante.

XV

Industrie de Plombières.

L'industrie dominante, à Plombières, est celle des logeurs ; viennent ensuite les fabriques de petits canons, de petits fusils pour les enfants, d'ouvrages en acier ou en fer poli, et en général de toute espèce d'objets de quincaillerie fine. Les ouvriers qui fabriquent ces élégants objets sont de véritables artistes ; pour s'en convaincre, on n'a qu'à examiner les produits sortis des ateliers de MM. Jacquot, Résal, Jeanmaire et Bizot-Andreux, produits qui sont vraiment des chefs-d'œuvre, sous le rapport de la gravure et de la damasquinerie. Chaque année, les ateliers d'armurerie et de quincaillerie de Plombières sont honorés de la visite de Sa Majesté l'Empereur Napoléon III, dont la paternelle sollicitude s'étend à toutes les branches de l'industrie française, à laquelle il a su donner une si vive impulsion depuis son avénement au trône.

A l'extrémité de la Promenade-des-Dames, il y a aussi une importante fabrique de couverts et

d'instruments aratoires, appartenant à M. Hildebrand, et qui mérite fort d'être visitée en détail.

A la place de cette usine s'élevait autrefois
une papeterie, qui fournit le papier destiné à
l'édition des ouvrages de Voltaire connue sous
le nom d'*édition de Kehl*, et publiée par les soins
et sous la direction de Beaumarchais. La même
papeterie fournit aussi, pendant quelque temps,
le papier du *Moniteur*; plus tard, elle fut rem-
placée par une manufacture de porcelaine qui,
à peine établie, fut aussitôt détruite par un violent incendie, dans le mois d'avril 1842. Depuis,
M. Hildebrand acquit les terrains où s'élevait
cette manufacture, et y fonda l'usine qui existe
actuellement.

Plombières compte en outre beaucoup de
fabriques de broderies; cette industrie occupe
un grand nombre d'ouvrières, non-seulement
dans la ville, mais aussi dans les campagnes environnantes. Ces ouvrières sont généralement
très habiles, et il arrive souvent que pendant la
saison elles sont appelées à venir donner des
leçons de leur art aux dames ou aux demoiselles
qui prennent les eaux de Plombières. La supé-
riorité bes broderies de cette ville a, du reste,
été justement reconnue lors de l'Exposition uni-
verselle de 1855, où une médaille a été décernée
à M. Hérisé, l'un des principaux fabricants de
broderies de Plombières.

Les ouvrages de quincaillerie fine, les petits

canons, les petits fusils, ainsi que les ouvrages de broderies, se vendent en grande partie aux baigneurs pendant la saison. Si un monsieur quittait Plombières sans remporter soit un christ, soit un dévidoir, soit un gril, soit des casse-noisettes, soit un petit canon ou au moins un petit fusil pour ses enfants ; si une dame partait sans avoir fait l'emplette de quelques pièces de broderies, ce serait un crime de lèse-civilisation comparable à celui que commettrait un provincial qui irait à Paris sans voir la statue d'Henri IV sur le Pont-Neuf, ou sans aller admirer, sur la scène française, les immortels chefs-d'œuvre de Molière ou de Corneille.

Quant à l'autre partie de tous ces produits, elle trouve à Paris un écoulement facile. Les quincailliers et les armuriers de Plombières ne peuvent même suffire aux nombreuses commandes qui leur arrivent de toutes parts.

Une autre industrie du pays — mais qui ne s'exerce qu'aux environs de Plombières, dans les communes du Val-d'Ajol et de Fougerolles — c'est la fabrication du kirsch ; ces deux villages sont très renommés sous ce rapport et à juste titre, car leur kirsch est tout à la fois une boisson agréable et un excellent digestif.

En parlant de l'industrie de Plombières et des communes environnantes, cela nous rappelle un vieil usage qui existe dans la classe ouvrière de Plombières, et qui a quelque chose de gracieux et de poétique : au printemps de chaque année, dans la nuit du 30 avril au 1er mai, chaque galant dépose un petit arbuste ou un bouquet de fleurs, avec un billet portant son nom, sur la croisée de la chambre de sa maîtresse ; et si cette dernière laisse le lendemain, sur sa croisée, cet arbuste ou ce bouquet, c'est alors un signe évident qu'elle consent à agréer les vœux de son amant. Que cette alliance de l'amour et des fleurs est charmante, et combien cette coutume dénote d'instincts poétiques dans la classe laborieuse de Plombières !

La population ouvrière est très nombreuse dans cette ville, et les nouvelles constructions qui s'y élèvent chaque jour ont encore eu pour effet de faire venir à Plombières une véritable armée d'entrepreneurs, de maçons, de charpentiers, de menuisiers, de carriers, qui extraient de la pierre des nombreuses carrières que l'on voit aux environs, etc., etc.

Si le recensement officiel n'y compte que 1,500 à 2,000 habitants, c'est que la population flottante n'est pas comprise dans ce chiffre, non plus que les baigneurs ; car, en réalité, Plombières renferme au moins 3 à 4,000 âmes, dont on aperçoit fort bien les corps, ce qui n'arrive pas toujours dans quelques grandes villes, et même dans certains quartiers de Paris, où il se trouve des rues qui sont certes bien loin d'être aussi animées que celles de Plombières.

XVI

Procès entre une dévote et un singe.

On plaide peu à Plombières ; on y est généralement pénétré de cet excellent principe, que le
meilleur procès est une mauvaise affaire. Cependant, quoique la plupart des habitants de
cette ville soient peu plaideurs de leur naturel,
il y a encore des exceptions, et, de temps à autre,
il se présente en justice de paix quelques procès
aussi curieux qu'amusants ; nous allons en donner un spécimen au lecteur, en lui faisant le récit
du procès suivant, dont les débats divertirent
singulièrement l'auditoire.

Un jeune peintre, arrivé depuis peu de temps à
Plombières, possédait un petit singe fort gentil
et parfaitement apprivoisé. Ce singe allait continuellement gambader et sautiller dans tout le
quartier, et les voisins se faisaient un plaisir de
le combler de friandises, en s'amusant de ses
gentillesses.

Une seule personne ne pouvait souffrir ce petit animal : cette personne était une vieille demoiselle dévote et acariâtre, qui — à l'encontre de la plupart des vieilles filles — n'aimait ni les chats, ni les chiens, ni les perroquets ; à plus forte raison détestait-elle souverainement les singes. La vue du petit singe suffisait seule pour la faire tomber en syncope ; aussi, sous le prétexte qu'il troublait constamment sa tranquillité, le régala-t-elle, lui et son maître, d'un plat de sa façon, c'est-à-dire d'une citation en justice, dont nous reproduisons le texte, en nous permettant toutefois d'y remplacer les noms réels par des noms purement imaginaires.

Voici cette curieuse pièce judiciaire, dont lecture fut donnée à l'audience :

« L'an mil huit cent cinquante-neuf, le ....

» A la requête de demoiselle Benoîte-Ursule Barbemuche, célibataire majeure, rentière, demeurant à Plombières ;

« Je, soussigné, Jean-Chrysostôme Barbaroust, huissier-audiencier près le tribunal de paix de Plombières, demeurant en cette ville ;

» Ai bien et dûment cité M. Félicien Duvernoy, artiste peintre, demeurant également à Plombières, comme étant civilement responsable, aux termes de l'article 1385 du Code Napoléon, des faits, gestes et actions d'un singe lui appartenant, et connu vulgairement sous le nom de Jack ; en son domicile, où je me suis transporté, et en parlant à sa personne ;

» A comparaître le....à neuf heures du matin, par-devant le tribunal de paix de Plombières, salle ordinaire de ses audiences, sise en l'hôtel de ville, audit lieu ;

» Pour, attendu que M. Duvernoy, défendeur, possède un singe, ci-dessus dénommé et qualifié, lequel singe se permet depuis longtemps, au mépris de toutes les règles de la bienséance, de venir sans cesse gambader devant les fenêtres de la demanderesse, en faisant des gestes indécents, et en lui jouant, en outre, toutes espèces de mauvais tours et de malices ;

» Attendu que la vue de ce singe et ses méchancetés continuelles causent à chaque instant à ladite demanderesse de mortelles frayeurs et d'atroces maux de nerfs, qui influent d'une manière fâcheuse sur la santé déjà très chancelante de la même demanderesse ;

» Attendu qu'en outre, les gestes indécents du singe Jack offensent considérablement la pudeur de ladite demoiselle Barbemuche ; qu'il importe dès lors à cette dernière de faire cesser un pareil état de choses et de recourir aux voies judiciaires, afin que défense expresse soit faite par le tribunal à M. Duvernoy de laisser à l'avenir sortir de son domicile le singe perturbateur du repos, de la tranquillité et de la pudeur de la demoiselle Barbemuche ;

» Attendu enfin, que cette dernière a évidemment le droit d'exiger du défendeur des dommages-intérêts considérables, pour le préjudice par elle éprouvé dans sa santé et dans ses affaires par suite des malices dudit singe ;

» Voir conclure en conséquence à ce qu'il plaise au tribunal de paix :

» Ordonner que M. Duvernoy, défendeur, sera tenu à l'avenir de renfermer dans l'intérieur de son domicile son singe Jack, ou tout autre singe qui pourrait lui appartenir par la suite, de manière que le repos de la demanderesse ne puisse plus être troublé, ni sa pudeur offensée par cet animal ou par tout autre de son espèce pouvant appartenir au défendeur ; condamner en outre ce dernier en deux cents francs de dommages-intérêts en raison du préjudice causé par son singe à ladite demanderesse, qui fait preuve d'une grande modération en ne demandant qu'une somme aussi minime, et le condamner enfin en tous les dépens de l'instance, sans préjudice de toutes autres actions et conclusions et sous les réserves de droit.

» Dont acte, dont le coût est de quatre francs cinq centimes. »

Tels étaient les griefs articulés par mademoiselle Benoîte-Ursule Barbemuche contre le singe Jack. Il n'est pas besoin de dire que la lecture de cette citation fut interrompue à plusieurs reprises par de nombreux éclats de rire ; enfin le silence se rétablit à grand'peine, et les débats commencèrent.

Mademoiselle Barbemuche avait fait venir, pour plaider sa cause, un avocat de la Franche-Comté, province qui ne le cède en rien à la Normandie sous le rapport de la passion des procès. Quant à M. Duvernoy, il s'était contenté d'un avocat du pays.

Le singe incriminé avait été amené à l'audience par son propriétaire, près duquel il se tenait paisiblement accroupi, en regardant l'assemblée avec une certaine gravité comique, et en paraissant écouter attentivement les débats, comme s'il eût compris qu'il s'agissait de sa liberté. Son attitude calme et digne lui concilia de prime-abord les sympathies de tout l'auditoire.

L'avocat de mademoiselle Barbemuche développa d'abord les faits déjà sommairement énoncés dans la citation ; puis il se mit à tonner contre les artistes en général et contre les peintres en particulier : « Ce sont tous gens de sac et de corde, dit-il, qui ne sont nés que pour être la terreur de leurs voisins paisibles, et qui se font un malin plaisir de tourmenter sans cesse les honnêtes gens, et surtout les propriétaires et les rentiers, dont ils sont le perpétuel cauchemar par leurs manies et leurs excentricités de toutes sortes.

» Aussi, ajouta-t-il dans une éloquente péroraison, tout État bien constitué devrait-il bannir soigneusement de son sein les artistes de toute espèce, comme des êtres inutiles et malfaisants, ou les obliger au moins à se loger loin de toute habitation bourgeoise ! »

L'avocat du singe, prenant à son tour la parole, commença par rendre hommage à l'éminent talent et à l'éloquence de son honorable confrère, contre lequel il n'entrait en lice qu'avec la plus grande défiance de ses propres forces ; puis, après cet habile exorde, il chercha à réhabiliter les artistes dans l'esprit des auditeurs, en prenant la défense de leurs excentricités, qui ne sont, après tout, que la conséquence forcée de leur vie d'émotions, et en prouvant que les grands artistes sont, comme les grands écrivains, la gloire et l'ornement de l'État, et que sans eux nulle civilisation n'est possible au monde.

Il arriva ensuite, par une savante transition, aux faits de la cause ; sans avoir besoin de remonter jusqu'à la création du monde, il démontra dans son éloquent plaidoyer que non-seulement le singe de son client était complétement innocent de tous les méfaits que lui imputait la plaignante, mais qu'il était avéré, au contraire, que si quelqu'un était détesté dans le quartier, c'était non ce petit singe inoffensif, que tout le monde caressait à l'envi, mais bien la demoiselle Barbemuche, personne acariâtre, envieuse, bavarde et cancanière, dont l'unique occupation consistait à tâcher de brouiller les meilleurs amis et les ménages les plus unis. « Si les dévots, continua l'avocat du singe, ne sont bons à rien, ainsi que l'a dit le père La Chaise, je me permettrai d'ajouter à ce principe posé par le confesseur de Louis XIV que les dévotes, de leur côté, ne sont bonnes qu'à déchirer la réputation du prochain. »

Après avoir ainsi battu en brèche le système de son adversaire, il termina son discours par un dernier et décisif argument; comme l'Intimé, dans les *Plaideurs* de Racine, il présenta au tribunal, par un geste éloquent, le singe incriminé que la demoiselle Barbemuche voulait faire injustement condamner à une détention perpétuelle, et il fit habilement ressortir l'attitude paisible de ce gentil animal dans tout le cours des débats, en ajoutant qu'il pourrait même être donné comme exemple à maint plaideur violent et emporté.

Ce beau mouvement oratoire lui fit obtenir d'emblée le gain de sa cause. Le singe conserva — aux grands applaudissements de l'assistance — sa liberté si fortement menacée par mademoiselle Barbemuche, qui eut le vif déplaisir de se voir complétement débouter de sa demande, et de s'entendre, en outre, condamner à tous les frais du procès. De plus, à sa sortie du tribunal, elle fut longtemps poursuivie par les sifflets et les huées de la foule.

XVII

Un roman à Plombières.

A Plombières, il n'en est plus de même aujourd'hui qu'au temps de Camérarius, et les règles de la plus sévère décence sont strictement observées dans tous les établissements thermaux et dans tous les hôtels de cette ville. D'un autre côté, les liaisons galantes qui peuvent s'y former aboutissent presque toujours, comme nous l'avons dit, à des mariages d'amour. Cependant, comme toute médaille a son revers, les eaux de Plombières, au lieu de produire des mariages, sont quelquefois la cause innocente du relâchement de quelques liens conjugaux, en servant de prétexte aux femmes mariées qui veulent transgresser plus facilement leurs devoirs d'épouses et de mères de famille ; mais c'est là un cas excessivement rare.

Un fait de ce genre, arrivé il y a plus de vingt

ans, a amené une catastrophe qui a brisé deux existences, et que nous croyons devoir raconter à nos lecteurs et surtout à nos lectrices, afin de leur montrer tous les dangers qu'entraîne après elle une passion coupable : heureux si nous pouvions, par ce récit, rattacher à leurs devoirs toutes celles qui seraient tentées de s'en écarter !

Une jeune dame, aussi gracieuse que belle, était mariée depuis quelques années à un riche négociant d'une de nos plus grandes villes manufacturières. M. Dufour — c'est ainsi que nous le nommerons — était un commerçant probe et austère, chérissant tendrement sa femme, mais ayant le tort de passer trop de temps dans ses bureaux, tort impardonnable aux yeux de beaucoup de jeunes femmes qui, ne comprenant pas les exigences des affaires, s'imaginent que leurs maris doivent être nuit et jour uniquement occupés d'elles : tel était du moins l'avis de madame Dufour. Avec beaucoup d'excellentes qualités, elle avait ce défaut, de vouloir que son mari fût continuellement à ses genoux ; ayant toujours été gâtée par ses parents, dont elle était fille unique, c'était un besoin chez elle d'être sans cesse flattée et courtisée.

M. Dufour avait beau lui représenter que ses nombreuses affaires exigeaient impérieusement sa présence presque continuelle dans ses bureaux, il avait beau satisfaire avec plaisir à tous ses autres caprices, elle ne voulait nullement entendre raison, et ne lui pardonnait pas le temps qu'il consacrait au travail.

Quand une femme a été gâtée par ses parents et qu'elle aime à être courtisée, quand d'un autre côté son mari ne peut rester constamment auprès d'elle, il est bien rare — pour peu qu'elle passe une partie de ses journées dans l'oisiveté — qu'elle ne finisse pas par agréer les hommages d'un amant, et par succomber à la première occasion.

Madame Dufour avait remarqué, dans un bal donné par son mari pour lui complaire, un de ces jeunes damoiseaux dont tout l'esprit consiste dans la coupe élégante de leurs vêtements, et qui cachent sous des dehors séduisants des cœurs prématurément corrompus. Ce damoiseau, nommé Melville, s'étant aperçu que madame Dufour jetait sur lui quelques regards à la dérobée, n'hésita pas à entreprendre aussitôt le siége de la place, car ces jeunes fats connaissent fort bien leur ascendant sur l'esprit des femmes, et savent profiter de tous leurs avantages avec autant d'audace que d'habileté ; c'est là, du reste, leur seul mérite; il faut donc bien se garder de le leur contester.

Madame Dufour se laissa prendre, ainsi que tant d'autres, à ces dehors trompeurs; mais comme les deux amants ne pouvaient se voir que très rarement et en courant le danger d'être surpris à chaque entrevue, Melville conseilla à madame Dufour de se faire envoyer aux eaux sous le prétexte d'une maladie quelconque, promettant d'aller y passer la belle saison avec elle.

Madame Dufour n'avait pas encore d'enfant ; un jour elle se plaignit de sa stérilité à son médecin, qui, n'ayant aucun soupçon, lui ordonna les eaux de Plombières pour la saison qui allait commencer. Elle fit aussitôt tous ses préparatifs, et partit pour cette ville, après en avoir informé en secret son amant, qui s'empressa d'aller l'y rejoindre.

Ils s'installèrent tous deux, comme mari et femme, dans le même logement, pendant que M. Dufour, ne se doutant de rien, continuait tranquillement le cours de ses opérations commerciales.

Dans son désir d'avoir un héritier, il avait même écrit à sa femme de prolonger son séjour aux eaux autant de temps qu'elle le jugerait à propos, et madame Dufour lui avait répondu que son médecin lui ayant conseillé de faire deux ou trois saisons, elle ne manquerait pas de suivre scrupuleusement ses prescriptions.

Melville et madame Dufour s'abandonnèrent donc à une imprudente sécurité ; ils n'avaient rencontré aucune de leurs connaissances à Plombières, et croyaient n'avoir pas la moindre crainte à éprouver du côté de M. Dufour, qui, ainsi qu'il a été dit, quittait très rarement ses bureaux, et que sa femme savait d'ailleurs sérieusement occupé dans ce moment à suivre les opérations d'une faillite, où il avait une créance considérable fortement compromise.

Elle connaissait cette circonstance, parce que M. Dufour lui avait dit qu'il ne pourrait, à son grand regret, l'accompagner aux eaux, à cause de cette faillite, qui exigeait absolument tous ses soins. Il est inutile de dire que madame Dufour s'était bien gardée d'insister sur ce sujet, car tout son plan aurait été renversé si son mari s'était avisé de vouloir l'accompagner.

Mais cette faillite se liquida bien plus tôt que ce dernier ne s'y attendait, et il réussit à recouvrer la presque totalité de sa créance, qu'il avait crue dans le principe complétement perdue.

Tout joyeux de l'heureuse solution de cette affaire, il résolut de se départir, peut-être pour la première fois, de ses habitudes, et de faire à sa femme une surprise qu'il pensait lui être agréable, en allant la rejoindre aux eaux sans la prévenir de son dessein.

Il charge son premier commis du soin de gérer la maison en son absence, et part, non sans lui avoir fait mille recommandations au sujet de ses affaires commerciales.

Il arrive à Plombières dans l'après-midi. Assailli à sa descente de voiture par une multitude compacte de servantes criardes qui lui offrent du logement, il parvient à se débarrasser à grand'peine de leurs fatigantes étreintes; puis, comme il connaît par les lettres de sa femme le numéro de la maison où elle loge, il se fait immédiatement conduire à cette maison, en pensant à la joie qu'elle va éprouver de le voir arriver si inopinément.

Madame Dufour était alors à la promenade avec Melville.

Leur hôtesse, femme un peu bavarde—comme le sont au surplus presque toutes les hôtesses de petite ville — à laquelle s'adresse le négociant, lui répond que M. et madame Dufour sont allés se promener et doivent bientôt revenir, l'heure du dîner approchant.

— Comment ! M. et madame Dufour, repart le négociant ; mais madame Dufour est seule ?

— Mille pardons, monsieur ; elle est ici avec son mari, et je puis dire que ce sont bien les baigneurs les plus généreux que j'aie jamais logés. Croiriez-vous qu'ils me donnent vingt-uatre francs par jour pour leur nourriture et leur logement ! Il est vrai que ma maison est une des mieux tenues de tout Plombières, et que M. et madame Dufour, en occupent la plus belle chambre au premier étage... Mais j'entends qu'on m'appelle à la cuisine pour soigner leur dîner, que je fais à part, parce qu'ils mangent dans leur appartement ; j'y cours. Veuillez

vous asseoir en attendant le retour de M. et de
madame Dufour.

En écoutant le verbiage de l'hôtesse, le négociant ne savait quoi penser. Ayant toujours eu
la plus grande confiance en la vertu de sa femme,
il était encore à mille lieues de tout soupçon ; il
crut donc à un quiproquo, et se dit qu'après
tout il était très possible que deux autres époux
Dufour se trouvassent ensemble aux eaux. C'est
un nom, pensait-il, assez répandu, et j'ai sans
doute des homonymes qui logent dans cette maison. L'hôtesse ne m'a parlé que d'eux, à cause
du bruit et de la dépense qu'ils font ; c'est ainsi
dans tous les hôtels : ceux qui font beaucoup de
dépenses éclipsent tous les autres voyageurs.

Il alla alors trouver l'hôtesse dans sa cuisine
pour éclaircir ce point.

— Vous devez encore avoir dans votre maison
une autre dame qui se nomme également madame Dufour, et qui doit y loger seule ? demanda-
t-il à l'hôtesse, qui était alors gravement occupée
à préparer un genre de sauce dans lequel elle
excellait.

— Non, monsieur ; je n'ai, en fait de ce nom,
que la dame accompagnée de son mari, dont je
viens de vous parler, répondit-elle sans quitter
sa sauce. A moins pourtant, reprit-elle après une
légère pause, que la petite dame qui loge au
no 12 du troisième étage ne s'appelle aussi madame Dufour ; comme elle n'est arrivée que de-

puis quelques jours, je ne sais pas encore son nom; c'est mon mari qui l'a inscrit sur le registre. Informez-vous près de lui; il est maintenant dans son bureau, à droite du corridor, près de la porte d'entrée. Pour moi, je ne puis abandonner ma sauce.

Le négociant se rendit aussitôt dans le bureau qui lui était indiqué, où, dès qu'il aperçut le mari de l'hôtesse, il comprit pourquoi elle paraissait faire si peu de cas du pouvoir marital, en disant *ma maison* et en parlant toujours à la première personne du singulier, comme si elle était seule et unique maîtresse au logis.

En effet, son mari — gros et rond personnage dont l'obésité dénonçait de prime-abord des tendances gastronomiques fortement prononcées — dormait en ce moment d'un sommeil profond, qui paraissait le résultat d'une laborieuse digestion.

M. Dufour, n'osant le réveiller, s'assit en attendant que le digne logeur eût fini son bienheureux somme. Enfin, après un quart d'heure d'attente, le bonhomme ouvrit les yeux, en s'étirant lentement les bras et en poussant quelques bâillements prolongés.

En apercevant un étranger, il parut un peu honteux d'être surpris dans une position aussi somnolente.

—Que désirez-vous, monsieur? dit-il en étouffant un bâillement.

— Je désirerais voir madame Dufour ; ne loge-t-elle pas chez vous ?

— Elle y loge effectivement avec son mari.

— Mais n'avez-vous pas encore une autre dame Dufour qui loge seule ?

— Non, monsieur ; nous n'avons qu'une dame logeant seule dans une petite chambre du troisième étage ; mais elle se nomme madame Mougenot.

Cette fois, le négociant devint réellement inquiet ; il sortit de son portefeuille la dernière lettre de sa femme, et s'assura que c'était bien là le numéro de la maison où elle devait loger. Un soupçon vint alors, rapide comme l'éclair, traverser son esprit ; voulant à tout prix connaître le mot de cette énigme et sortir de sa pénible incertitude, il dit au logeur :

— Pourriez-vous me dépeindre madame Dufour ?

— Certainement, monsieur : elle est d'une taille moyenne ; elle a de magnifiques cheveux blonds, de beaux yeux bleus, des traits.... comment dirai-je ? — Mais du reste regardez par la fenêtre ; la voici qui revient avec son mari.

M. Dufour se précipita aussitôt à la fenêtre ; il fut comme frappé de la foudre en reconnaissant effectivement sa femme au bras de Melville, qu'il connaissait un peu pour avoir eu quelques relations d'affaires avec lui, mais dont il n'aurait jamais soupçonné la perfidie. Il sortit précipitamment du bureau, en laissant tout ébahi de cette brusque sortie le bon logeur, qui ne tarda pas à goûter de nouveau les douceurs du sommeil.

M. Dufour alla attendre les deux coupables à l'entrée du corridor.

C'était le moment où tous les baigneurs rentraient pour dîner. Melville et madame Dufour revenaient alors de faire une délicieuse promenade dans le bois qui entoure la Fontaine-Stanislas ; la femme du négociant s'appuyait avec un voluptueux abandon sur le bras de son amant ; leurs visages semblaient respirer le bonheur.

Ici nous nous permettrons une petite digression : ce n'est pas impunément que l'on viole les lois immuables de la société, et il arrive presque toujours que ceux qui les ont enfreintes de quelque manière que ce soit reçoivent leurs châtiments au moment même où ils ont tout lieu de croire que leurs fautes resteront à jamais impunies. Ainsi, tandis que Melville et madame Dufour se félicitaient dans leur promenade de pouvoir passer encore ensemble quelques semaines heureuses, sans avoir à craindre le ressentiment d'un mari offensé, la première personne qu'ils devaient apercevoir en rentrant était précisément le mari qu'ils trompaient d'une manière aussi indigne.

Ce fut alors un coup de théâtre.

Madame Dufour, à la vue de son mari, tomba

en poussant un grand cri... la malheureuse était folle; elle mourut quelque temps après.

M. Dufour, dégoûté du monde, auquel, depuis la mort de sa femme, il ne se trouvait plus rattaché par aucun lien, liquida ses affaires et entra dans l'ordre des trappistes.

Quant à Melville, il avait profité de la confusion générale causée par la chute de madame Dufour, pour s'enfuir précipitamment de Plombières. Après s'être ainsi soustrait par cette fuite honteuse à la juste colère de M. Dufour, il alla continuer sans le moindre remords le cours de ses galants exploits dans une autre ville, jusqu'au jour où il reçut en plein visage un bon coup d'épée, dans un duel qu'il ne put cette fois éviter. Sa blessure le défigura d'une si horrible manière, qu'il n'osa plus se présenter dans aucune société.

XVIII

Par le mot générique de bohême nous entendons désigner ici toute la race des hommes intelligents que la fortune n'a point favorisés de ses dons, et qui se voient, par suite, obligés de vivre au jour le jour, au moyen d'un travail précaire et peu rémunérateur. Courbés sous le joug de gens incapables de les comprendre, en butte à mille petites vexations qui les atteignent d'autant plus vivement que leur sensibilité est plus grande, la plupart des bohêmes vivent inconnus au milieu même de ceux qui les entourent, et sont décimés par cette maladie terrible et incurable que l'on nomme la misère.

Tous les grands hommes ont commencé par être plus ou moins bohêmes ; quelques-uns même l'ont été toute leur vie ; ainsi, dans l'antiquité, Homère, Esope, Plaute étaient bohêmes ;

dans les âges modernes, Villon (1), Cervantès,
Maître-Adam (2), Jean-Jacques Rousseau, Gil-
bert, Gérard de Nerval et tant d'autres appartenaient aussi à la bohême.

Le plus grand reproche adressé aux bohêmes
par les bourgeois, c'est le décousu de leur existence et le désordre dans lequel ils tombent assez facilement ; mais ce désordre même n'est-il
pas quelquefois une nécessité pour eux ? Le défaut d'argent et de protections leur fermant presque toujours les carrières où ils pourraient uti-
lement employer leurs facultés, ne sont-ils pas
forcés de chercher de temps à autre dans ce
désordre qu'on leur reproche si vivement l'oubli
momentané de leurs talents étouffés par la misère
et la souffrance ?

Mais les bohêmes de la province sont encore
les plus malheureux de tous ; à Paris, il est vrai,
la bohême est bien souvent le chemin de la
Morgue ou de l'Hôtel-Dieu ; mais elle peut aussi
être le chemin qui conduit à l'Institut. Les bohêmes parisiens sont donc soutenus, dans leurs
luttes gigantesques pour se créer une position
dans la société, par l'espoir d'arriver, sinon à la
gloire — ce qui n'est le lot que de quelques

(1) Poète français qui vivait au xve siècle.

(2) Adam-Billaut, plus connu sous le nom de Maître-
Adam, était poète et menuisier à Nevers. Il mourut en
1662.

7

privilégiés — du moins à la célébrité, et, par suite, à la fortune. Les bohêmes provinciaux, au contraire, végètent misérablement dans un coin, sans espérance, sans appui, sans consolation d'aucune sorte; foulés aux pieds par de stupides bourgeois, qui n'ont d'estime que pour l'argent, vivement pourchassés, la plupart du temps, par d'avides créanciers, ils meurent presque toujours pauvres, inconnus et méprisés des sots qui les entouraient pendant leur vie, et qui n'avaient pas su découvrir le diamant caché au milieu d'eux.

Mais voilà, pour arriver à la petite bohémicule de Plombières, un préambule bien pompeux et qui peut rappeler la fable de *la Montagne qui accouche d'une souris* ; aussi ne l'avons-nous fait que pour bien préciser le sens exact de ce mot de bohême, et pour prouver par là qu'en employant ce terme, nous n'avons nullement eu l'intention de blesser qui que ce soit.

Plombières — qui, sous presque tous les rapports, est un véritable diminutif de Paris — possède donc aussi sa petite bohême; mais les membres qui en font partie ne songent à rien moins qu'au fauteuil académique ; toute leur ambition consiste à se marier avec des filles de logeurs, et à se procurer, par ce moyen, pendant huit mois de l'année, les inappréciables douceurs d'un paisible *far niente*.

En cas d'insuccès, comme ils ne peuvent se noyer dans la Seine — puisqu'elle ne passe pas à

Plombières—ils sont réduits, faute de mieux, à se noyer dans la bière. Ils dépensent alors le trop plein de leurs facultés intellectuelles dans les cafés et les guinguettes de la ville, où, sans le moindre respect pour la majestueuse rotondité des ventres bourgeois, ils accablent de leurs traits acérés les logeurs, que, dans leur dépit, ils surnomment les *Béotiens des Vosges.*

Il est vrai qu'à ce reproche de *béotisme* adressé par les bohêmes aux logeurs, ces derniers pourraient répondre victorieusement que, pour faire de bonne cuisine, il n'est nullement besoin de savoir le grec et le latin. Ceux d'entre eux qui ont lu Molière pourraient même dire à ce sujet, comme le bonhomme Chrysale, mais en faisant subir quelques variantes aux beaux vers de Molière :

« Que font à nous, logeurs, les lois de Vaugelas (1),
Si dans tous nos fricots nous ne nous trompons pas ?
Nous aimons beaucoup mieux, en épluchant nos herbes,
Accommoder fort mal les noms avec les verbes,
Et redire cent fois un bas et méchant mot,
Que de brûler la viande ou trop saler le pot.
On vit de bonne soupe et non de beau langage ;
Vaugelas n'apprend point à bien faire un potage,
Et tous les beaux esprits, avec tous leurs grands mots,
Pour faire un bon ragoût, seraient de fameux sots. »

Dans tous les cas, les logeurs ont cet inappré-

(1) Célèbre grammairien français du xviie siècle.

ciable avantage sur les bohêmes qui n'ont pu réussir à se créer une position, c'est qu'ils ne se repaissent pas, comme ces bohêmes, de vaines chimères et de viandes creuses. Un bon bifteck leur paraît cent fois préférable à tous les raisonnements métaphysiques du monde, et un jambon vaut pour eux tout un long poème.

Les bohêmes de Plombières ont généralement une mise négligée, excepté pourtant ceux qui espèrent encore prendre dans leurs filets les filles de quelques riches logeurs. Ceux-là ne sortent jamais qu'habillés, cravatés, gantés, bottés, rasés, coiffés, frisés, pommadés, musqués, en tenant gracieusement une canne élégante à la main; à les voir, on les prendrait pour une gravure vivante du *Journal des Modes*; au besoin, ils pourraient servir d'enseigne à la porte d'un tailleur. Aussi quels ravages exercent ces fashionables bohêmes dans tous les cœurs féminins de Plombières !

Mais, dès qu'ils ont réussi à se marier, ils ne tardent pas à se cryptogamiser comme les autres logeurs, et le mariage est pour eux ce qu'est souvent l'Académie pour les gens de lettres, c'est-à-dire une retraite honorable, où ils peuvent s'abandonner en paix — pendant la plus grande partie de l'année — aux délices d'une vie oisive et d'une douce quiétude.

Plombières a aussi sa petite bohême féminine, composée de jeunes et gracieux visages, aux traits fins et charmants, aux joues roses et au teint toujours frais, bien différent de ces teints plombés si communs chez les femmes et même chez les jeunes filles de Paris. Toutes ces beautés montrent en outre beaucoup de goût dans leurs habillements, et déploient un luxe très grand pour le pays ; car la coquetterie, si naturelle à la femme, est un de leurs péchés les plus mignons ; quant à l'esprit, la plupart d'entre elles pourraient avantageusement lutter avec leurs émules du demi-monde de Paris.

Quelques-unes de ces jolies bohêmes parviennent quelquefois à épouser des logeurs ; mais ce cas est excessivement rare, car ces derniers ne visent guère qu'aux riches héritières ; quoi qu'il en soit, les vives et joyeuses bohêmes qui se transforment en femmes de logeurs ne tardent pas à perdre toute leur originalité primitive et à suivre l'exemple contagieux de leurs maris, en se cryptogamisant complétement après un court espace de temps.

Mais — de peur de nous attirer de redoutables ressentiments — nous allons désormais laisser en repos ces pauvres logeurs, qui n'en peuvent mais, et nous terminerons ici nos études sur Plombières, en priant le lecteur d'en excuser les nombreuses imperfections. L'auteur, poursuivi depuis sa naissance par l'adversité, a composé ce petit livre au milieu des soucis et des préoccupations de toute sorte causés par sa triste position ; car, déjà maltraité par la nature, qui s'est montrée marâtre envers lui en lui refusant le bras droit, il a été plus maltraité encore par la fortune, qui s'est constamment plu à l'accabler de ses coups. Aussi, n'est-ce qu'à grand'peine qu'il a pu trouver, de temps à autre, quelques heures pour se livrer à son travail, sans craindre d'être harcelé par les mille tracasseries et les mille vexations auxquelles il a toujours été exposé jusqu'à présent, par suite de son infirmité et de son malheureux sort.

Il espère donc que le lecteur voudra bien, en raison de tous ces motifs, se montrer indulgent pour les négligences de style et les incorrections de langage qui peuvent se trouver dans ce petit ouvrage.

FIN.

Paris. — Imprimerie de DUBUISSON et Ce, rue Coq-Héron, 5.

PARIS. — IMPRIMERIE DE DUBUISSON ET Cᵉ, RUE COQ-HÉRON, 5.